中国水问题
面面观

U0306869

中国农业科学技术出版社

图书在版编目（CIP）数据

中国水问题面面观/彭立新，周和平主编．—北京：中国农业科学技术出版社，2009.3
ISBN 978－7－80233－733－6

Ⅰ.中… Ⅱ.①彭…②周… Ⅲ.①水利建设－研究－中国②水资源管理－研究－中国 Ⅳ.F426.9 TV213.4

中国版本图书馆 CIP 数据核字（2008）第 158144 号

责任编辑	徐　毅
责任校对	贾晓红　康苗苗
出 版 者	中国农业科学技术出版社
	北京市中关村南大街 12 号　邮编：100081
电　　话	(010)82106631(编辑室) (010)82109704(发行部)
	(010)82109703(读者服务部)
传　　真	(010)82106636
网　　址	http://www.castp.cn
经 销 者	新华书店北京发行所
印 刷 者	北京华忠兴业印刷有限公司
开　　本	850 mm ×1 168 mm　1/32
印　　张	6.75
字　　数	180 千字
版　　次	2009 年 3 月第 1 版　2009 年 3 月第 1 次印刷
定　　价	18.00 元

前　言

　　水是自然界中最重要的资源，因为它是所有生物结构组成和生命活动的物质基础，是连接所有生态系统的纽带，水在自然环境中，对于生物和人类的生存具有决定性的意义。

　　水是地球上分布最广，数量最大的资源。水覆盖着地球表面70%以上的面积，总量达15亿 km³，也是世界上开发利用得最多的资源。

　　但是，人类利用水资源主要是指陆地上的淡水资源，例如，河水、淡水、湖泊水、地下水和冰川水等。陆地上的淡水资源只占地球上水体总量2.53%，而且，其中近70%是固体冰川，这些冰川多分布在地球的两极地区和中、低纬度地区的高山冰川，这部分是维持地球生命的资源，而人类是不易利用的。

　　水资源与人类的关系非常密切，人类把水作为维持生活的源泉，人类在历史发展中总是朝着有水的地方集聚，并开展经济活动。随着社会的发展和技术的进步，人类对水的依赖程度越来越大。

　　地球上的水资源分布是很不均匀的，各地的降水量和径流量差异也很大。全球约有1/3的陆地少雨干旱，而另一些地区在多雨季节又容易发生洪涝灾害。例如，我国的长江流域及其以南的地区，水资源占全国的82%以上，耕地占36%，水多地少；长江以北地区，耕地占64%，水资源不足18%，地多水少，其中粮食增产潜力最大的黄淮海流域的耕地占全国的41.8%，而水资源不到5.7%。

　　我国是一个水资源短缺、干旱缺水的国家，全国拥有水资源2.8万亿 m³，相当于全球陆地径流总量的5.5%，水资源总量居世界第六位，但我国人均占有水资源仅 2 300 m³，只是世界平均水平的 1/4，世界排名第 110 位，被联合国列为 13 个贫水国家之一。

目前我国可供利用的水量年约 1.1 万亿 m³，而实际用水总量已达 6591 亿 m³，已占可利用水资源的 60%。由于我国水资源在地区分布不均，水土资源不平衡；年内分配集中，年际变化大；丰、枯年份比较突出；河流的泥沙淤积严重等问题突出，我国容易发生水旱灾害、水资源日益短缺。因此，合理开发、利用水资源，保护生态环境，维护人与自然的和谐相处，是一个非常现实而又重要的问题。

改革开放 30 年尤其是近 10 年，我国在水资源开发利用、保护管理、江河整治、水利建设与洪旱灾害防治、创建节水型社会、人水和谐建设、水利科技创新等方面，取得了巨大的成就，谱写了新时期中国水利的新篇章。因此，将我国近年来水利建设中的重大"水事"、科技理论、水与民生、水利用问题等集结成文，奉献给广大读者，让更多的人了解和认识我国的水兴、水患、节水等与我们的生活息息相关的问题，让更多的人来参与和关注我国水利事业，这是一件有意义的事情。

本书在整编过程中得到了业界一些专家学者的帮助和指导，同时也参考了国内一些信息网站的文献资料，在此深表感谢和敬意。限于我们的时间和水平有限，文中存在一些不妥之处，敬请广大读者批评指正。

编者
2008 年 08 月

目　　录

1 我国的洪旱灾害与治理

1.1 以人为本科学抗洪

2007 年入夏以来，我国的天气状况反复无常，局部地区强对流天气频繁发生。南方局部地区因连降大暴雨，发生了洪涝灾害。7 月以来，四川省东部持续强降雨，长江上游水系的渠江接连出现有实测记录以来的历史最大洪水，水位流量均创新高。湖北省入汛以来，全省各地先后六次遭受暴雨洪涝灾害，已有 2 000 多条中小河流突发洪水，占总数的一半以上。国家防汛抗旱总指挥部发布消息，淮河出现 1954 年以来第二位流域性大洪水，各主要控制站全面超过警戒水位。

在全国防汛的关键时期和淮河防汛抗洪的紧要关头，党中央、国务院做出重要指示，要求有关地方和部门始终把保护人民群众安全放在第一位，妥善安置蓄洪区内的受灾群众，加强雨情、水情的监测预报，切实做好防汛抗洪各项工作，确保淮河堤防和沿淮地区人民群众安全。鼓励受灾人民增强战胜灾害的决心和勇气，尽快恢复生产、重建家园。

各个部委也紧急行动起来，为灾区的防汛抗洪救灾工作提供指导、保障和支持。洪水发生后，财政部、水利部、民政部紧急拨付救灾资金 2.32 亿元，支持南方灾区的抗洪抢险工作。国家减灾委、民政部紧急启动救灾应急措施，派出工作组赶赴四川、湖北两省洪涝灾区，协助当地开展抗灾救灾工作。

以人为本科学防洪 1998 年我国南方发生历史上的大洪水时，防汛工作以"严防死守"为标准。但是近年来，防汛思路逐渐发生了改变，科学调度，充分发挥防洪工程的作用，成为防汛工作的指导思想。这次淮河防洪，可以用六个字来形容治淮工程在防汛抗

1

洪中的作用："上拦、中畅、下泄。"现有治淮工程的合理运用，对降低淮河干流水位，减轻淮河防洪压力起到了极其重要的作用。

炸坝这种传统的泄洪方式正被科学调度所替代。历史上淮河开展防汛工作时，难免要考虑炸坝泄洪方案，这种方案不仅危险性大，而且对水利工程的破坏也很大。在今年的防汛工作中，沿淮蓄洪区的使用是在调度有序、准备充分的情况下进行的。2007年7月10日12时29分，淮河王家坝闸开启。滚滚洪流如脱缰野马奔向蒙洼蓄洪区，在这次泄洪中，蒙洼地区的群众从容撤退，损失降到最低，充分体现了以人为本、科学治淮的精神。

以人为本指导思想，体现在了行蓄洪区从建设到运用的各个阶段。在启用行蓄洪区之前，当地制定出了非常细致严密的预案。如在村民转移安置中，要转移多少人、这些人姓甚名谁、投亲靠友还是搭建帐篷等。这一系列调度过程的科学决策，为淮河防汛工作平稳有序地进行，提供了坚实保障。

科学预警防洪减灾 气象部门在抗击洪涝暴雨灾害的过程中发挥了非常重要的作用。在川东发生大暴雨之前，这个地区一直处于大旱之中。就在人们为不下雨发愁时，四川省气象台提前两天发出气象预警：四川盆地部分地方将有大到暴雨天气。这一预测为抗灾准备争取了时间，使地方政府能够紧急动员起来，做好防汛救灾准备，水库得以提前泄洪，低洼地区人员和财产得以提前转移。由于气象预报准确，防灾救灾措施得当，达州、广安两市的灾害损失被降到了最低。

针对淮河流域的持续强降水，中央气象台在防汛期每天两次提供淮河流域分河段、分时段的详细雨量预报和流域面雨量预报。国家卫星气象中心实现了风云气象卫星汛期双星加密观测。中国气象局还要求各级气象台对灾害性天气进行加密观测、加密预报，及时发布短时临近预报和预警信号，重点加强主要江河湖泊暴雨预报服务工作和防汛重点地区天气的加密细化预报工作。

1.2 我国有能力抵御洪灾

2007年7月，我国淮河流域发生了50年一遇大洪水，汹涌的洪水使安徽省蒙洼蓄洪区一片汪洋。但是，2万灾民在蓄洪区内的保庄圩里生活如常，安然度汛。这是我国近几年强调"以人为本"理念和有能力抵御洪水灾害的一个印证。

安徽省被迫转移的上万名淮河行蓄洪区民众无一人伤亡。

1998年淮河洪水，防汛工作是以"严防死守"为标准，而现在防汛思路发生了改变，是以"生命至上"以人为本为标准。

近几年来，每逢重大灾害，中国领导人往往迅速到现场查看灾情，倡导"真诚倾听群众呼声，真实反映群众愿望，真情关心群众疾苦"的实际行动，为各级党政官员树立了榜样，具有积极的政治示范效应。

温家宝总理在安徽省灾区明确表示，现在国家经济发展了，要按最高标准对行蓄洪区灾民给予补偿。这体现了我国政府新的施政重点——让经济发展成果更多地体现为改善民生。

淮河流域是中国农村人口最密集的地区之一，中国近年来的一系列惠农举措使那里的农民深受其益。蒙洼蓄洪区的灾民表示，免交农业税、粮食直补、免除学杂费等政策，让农民的日子好过了，抗灾能力也强了。

四川省渠县在2007年"7·7"特大洪水过程中，政府采取连续发送手机短信息、电视台、电台不间断播出雨情的信息透明化举措，赢得民众信任，成功转移了11.5万受灾民众，救援3.8万民众，无一人伤亡。

我国于2006年1月发布了《国家突发公共事件总体应急预案》，确认保障公众健康和生命财产安全是政府的首要任务。

近年来，淮河流域已形成由大型水库、临淮岗控制工程、分洪河道、堤防、行蓄洪区等组成的防洪减灾工程体系，为抵御2007年50年一遇的洪水发挥了重要作用。

第一堤防险情减少。2003 年大堤险情 883 处，其中较大险情 179 处，重大险情 19 处；而 2007 年为 238 处，其中较大险情 46 处，无一处重大险情。

第二上堤抢险人数减少。1991 年淮河大水过程中，投入 151 万人上堤抢险；而 2003 年和 2007 年只有 20 万人。

第三是洪涝面积减少。1991 年安徽省淮河流域受灾面积约 190 万 hm^2，而 2007 年只有 130 万 hm^2。

第四抢险兵力减少。1991 年是 2.5 万人，而 2007 年只有 6 900 人。

第五是行蓄洪区转移人数减少。1991 年安徽省沿淮已运用的行蓄洪区转移了 50 万人，而 2007 年仅有 1 万人。

另外，充分利用上游水库等防洪设施拦洪错峰，保障了淮河流域的安全度汛。按照国家防汛抗旱总指挥部对淮河防汛调度的总体要求，为减轻淮河干流堤防防洪压力，淮河防汛抗旱总指挥部会同河南省防汛抗旱指挥部充分利用淮河上游水库拦蓄洪水，为淮河干流拦洪错峰。河南省南湾水库拦蓄水量 2.08 亿 m^3，入库流量 1 390m^3/s，水库水只进不出，削峰率 100%；宿鸭湖水库拦蓄水量 2.43 亿 m^3，入库流量 2 120 m^3/s，出库流量 310m^3/s，削峰率 85.4%。上游水库拦洪错峰，为降低淮河中下游水位发挥了重要作用，水库防洪减灾效益达 30 亿元。

1.3　百年来我国大的洪水灾害

洪水是一种自然现象，只有当洪水威胁到人类安全和影响社会经济活动并造成损失时，才称为洪水灾害。

我国的洪水灾害十分频繁，近百年来，我国发生过很多次洪水：

1915 年：珠江大水。广东、广西等省受淹农田 94.7 万 hm^2，受灾人口 600 万人，珠江三角洲受淹，广州市区被淹 7 日。

1931 年：长江、淮河大水。水灾遍及全国 16 个省份。灾情最

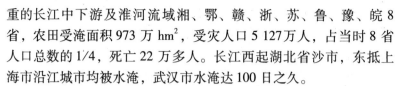

重的长江中下游及淮河流域湘、鄂、赣、浙、苏、鲁、豫、皖 8 省，农田受淹面积 973 万 hm^2，受灾人口 5 127 万人，占当时 8 省人口总数的 1/4，死亡 22 万多人。长江西起湖北省沙市，东抵上海市沿江城市均被水淹，武汉市水淹达 100 日之久。

1932 年：松花江大水。受淹农田 190 万 hm^2，死亡 2 万人，哈尔滨市区受淹长达一月之久。

1933 年：黄河大水。黄河下游南北两岸共决口 60 余处，受淹面积 6 600hm^2，受灾人口 273 万人，死亡 1.27 万人。

1935 年：长江大水。这次大水湘、鄂、赣、皖 4 省受淹农田 150.9 万 hm^2，受灾人口 1 000 余万人，死亡 14.2 万人。

1939 年：海河大水。受淹农田 346.7 万 hm^2，受灾人口 800 多万人，死亡 1.33 万人，天津市被淹长达一个半月，市区街道水深 1～2m。

1951 年：辽河大水。辽宁、吉林两省受淹农田 43.4 万 hm^2，受灾人口 87.6 万人，死亡 3 100 多人。

1954 年：长江、淮河大水。长江中下游受淹农田 317 万 hm^2，受灾人口 1 888 万人，死亡 3 万余人。淮河全流域农田成灾 408.2 万 hm^2。

1958 年：黄河大水。黄河花园口站发生有实测资料以来最大的一次洪水，滩区和东平湖受淹。

1963 年：海河大水。海河南系发生特大洪水，农田受淹 440 万 hm^2，京广铁路中断。

1975 年：淮河大水。8 月上旬淮河上游出现罕见的特大暴雨，河南省泌阳县林庄 3 天雨量达 1 605.3mm，位于暴雨中心地区的两座大型水库失事，河南省有 820 万人口，106 万 hm^2 耕地遭受严重水灾，倒塌房屋 560 万间。

1981 年：长江上游大水。四川省 138 个县市受灾。

1991 年：淮河、太湖流域大水。淮河受淹耕地 401 万 hm^2，受灾人口 5 423万人，倒房 196 万间。

1995 年：长江、辽河、松花江流域大水。该年长江川、湘、鄂、赣 4 省农田受淹成灾 321.4 万 hm², 受灾人口 8 526 万人。东北辽、吉、黑 3 省农田受淹 223.2 万 hm², 受灾人口 1 078.6 万人。

1996 年：珠江、长江、海河流域部分水系发生大水。该年全国各省（区、市）均不同程度受洪涝灾害，一半以上省（区）严重受灾，全国有 311 个县以上城市进水，洪涝成灾面积 1 182.33 万hm²，受灾人口 2.67 亿人，直接经济损失 2 208.36 亿元。

1998 年：长江、嫩江、松花江、珠江、西江等流域特大洪水。

知识连接——洪水等级划分

洪水是指特大的径流而言。这种径流往往因河槽不能容纳而泛滥成灾。根据洪水形成的水源和发生时间，一般可将洪水分为春季融雪洪水和暴雨洪水两类。

一般洪水：重现期小于 10 年；

较大洪水：重现期 10 ~ 20 年；

大 洪 水：重现期 20 ~ 50 年；

特大洪水：重现期超过 50 年。

1.4 我国历史上重大旱灾

我国农业灌溉面积的受旱率为 25% 左右，其中成灾率 11% 左右，在干旱情况下的粮食减产率 7.3%，受灾人口率 12% 左右。据统计资料，在 1949 ~ 1990 年的 42 年中，出现受旱、成灾面积的概率为 4.6% ~ 6.9%。

容易发生旱区主要分布在内蒙古、西北、华北和西南地区，北方以青、宁、晋、豫 4 省（市）、南方以湖南省受旱最为严重。内蒙古自治区春季普遍少雨，入夏以来表现为西旱东涝。青海省东部农业区，甘肃省中南部、宁夏回族自治区南部、陕西省中北部、山西省、河北省、河南省北部、河南省北部和东部及山东省北部 1 ~

5月降水比常年偏少3~6成，在4~5月小麦关键需水期，降水偏少5成，有的地方偏少7~9成，塘库干涸，农田作物旱情十分严重。西南地区的滇、黔大部、川南以及华南的闽、粤、桂、琼大部，在前一年冬旱后又持续出现比较严重的春旱，广东省沿海、广西省南部和海南省持续到4月，云南省和川南一直持续到5月。湘、赣大部和鄂、黔、川部分地区7~8月降水经常年偏少3~5成，夏旱比较严重，对中稻生长影响较大。

知识连接——干旱指数

干旱指数是反映气候干旱程度的指标，通常定义为年蒸发能力和年降水量的比值，即：

$$r = E_0 / P$$

式中 r——干旱指数；

           E_0——年蒸发能力，常以 E-601 水面蒸发量代替，mm；

           P——年降水量，mm。

根据选用的气象站 E-601 蒸发器多年平均年水面蒸发量和多年平均年降水量，可算得多年平均年干旱指数。

一个地区多年平均年干旱指数 r 与气候分布有着密切关系：

当干旱指数 $r < 1.0$ 时，表示该区域蒸发能力小于降水量，该地区为湿润气候；

当干旱指数 $r > 1.0$ 时，即蒸发能力超过降水量，说明该地区偏于干旱；

干旱指数 r 越大，即蒸发能力超过降水量越多，干旱程度就越严重。

我国干旱指数综合分带及对应的干旱指标情况见下表所示。

水分带	干旱指数
十分湿润带	< 0.5
湿润带	0.5 ~ 1.0
半湿润带	1.0 ~ 3.0
半干旱带	3.0 ~ 7.0
干旱带	> 7.0

干旱等级划分，干旱是因长期少雨而空气干燥、土壤缺水的气候现象：

小旱：连续无降雨天数，春季达 16 ~ 30 天、夏季 16 ~ 25 天、秋冬季 31 ~ 50 天；

中旱：连续无降雨天数，春季达 31 ~ 45 天、夏季 26 ~ 35 天、秋冬季 51 ~ 70 天；

大旱：连续无降雨天数，春季达 46 ~ 60 天、夏季 36 ~ 45 天、秋冬季 71 ~ 90 天；

特大旱：连续无降雨天数，春季在 61 天以上、夏季在 46 天以上、秋冬季在 91 天以上。

1.5 大旱带给我们的思考

大旱出现频率在增加

2007 年底，我国第一大淡水湖鄱阳湖平时动辄几千平方公里的浩瀚水面，竟然只剩了不足 50km^2。祖辈居住湖边的江西省都昌县一位老人说："自从出生我就没见过天这么干旱。"

我国历史上旱灾频繁。自公元前 206 年至 1949 年，曾发生旱灾 1 056 次，平均每两年一次。新中国成立后也多次发生大旱。以往旱灾多以华北、西北为主，而现在江南、华南、东北等传统多雨湿润地区也频繁发生严重旱情。

向来以雨量充沛著称的海南省上百座水库、山塘干涸，几十万

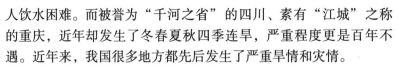

人饮水困难。而被誉为"千河之省"的四川、素有"江城"之称的重庆，近年却发生了冬春夏秋四季连旱，严重程度更是百年不遇。近年来，我国很多地方都先后发生了严重旱情和灾情。

20世纪90年代以来，我国旱灾频次明显加快，每3年就发生一次旱情。旱情持续时间更长，跨季、跨年的旱灾越来越频繁。如华北大部分地区已连续14年干旱，这在新中国成立以来是十分罕见的。

旱灾直接威胁着我国的工农业生产以及百姓的用水安全，不仅如此，也给生态环境带来很大的影响。

我国抗旱能力需要提高

全球气候变暖是旱情多发的原因之一。近年来，不仅中国旱，中亚、欧洲、非洲、澳大利亚也都在旱。此外，目前我国抗旱工作也存在一些不容忽视的问题。

较为突出的是抗旱基础设施滞后。目前全国18.5亿亩耕地，有灌溉条件的只有8.3亿多亩，55%的耕地还完全靠天吃饭；在灌溉面积中，部分灌溉标准不高，老化失修严重，旱涝保收的灌溉面积不多。

抗旱保障能力低。例如，应急抗旱打井、灌溉的设备、物资储备不足，到大旱来临时紧缺，往往需要临时从外地组织调运，延误了时机。

抗旱资金投入不足，难与旱灾造成的损失相匹配。

加强节水型社会的建设

我国是世界上受旱灾影响和损失最严重的国家之一。但长期以来，我国在抗旱工作的总体规划方面还不够。抗旱决策和处置措施随意性大，缺乏长远考虑，有的还造成了大量重复建设和浪费。一方面天旱少水；另一方面又在大量浪费水资源。因工业排放造成水污染的案例，近年来屡见不鲜。而大水漫灌的落后灌溉方式仍在农业中广泛使用，水资源利用效率不高，在同等灌溉水量下，粮食产量仅为发达国家水平的一半。因此，必须把建设节水型社会作为一项重要工作来实施。可喜的是我国在"十一五"期间，已将节水型社会的建设纳入国民经济建设与规划之中。

1.6 "天灾"面前我们要有所准备

我国每年受台风等重大气象灾害影响的人口达 4 亿人次，造成的经济损失相当于国内生产总值的 1% ~ 3%。据不完全统计，2007 年以来，在党中央、国务院的领导下，对气象防灾减灾工作的批示多达 188 条。

2007 年 7 月 18 日，山东省济南市遭遇大暴雨，37 人死亡。调查结果表明，死亡原因主要是溺水、电线短路、雷击身亡、建筑物倒塌致死等。

2007 年 5 月 23 日，重庆市开县义和镇兴业村小学学生被雷电击中，造成 7 名小学生死亡、44 名小学生受伤。据调查，由于学校教室没有防雷设备，老师和学生也缺乏有关知识，加之自然因素影响，导致了这起严重的伤亡事件。

由于全球气候变暖对我国灾害风险分布和发生规律将产生全方位的影响：强台风将更加活跃，暴雨洪涝灾害增多，发生流域性大洪水的可能性加大；局部强降雨引发的山洪、滑坡和泥石流等地质灾害将会增多。在全球气候变暖导致极端天气气候事件多发的情况下，公众减灾意识薄弱已成为我国防灾减灾的原因之一，亟待强化。

地广人多交通不便，许多人不知防灾减灾，我国的气象灾害防御教育还处于起步阶段，许多人没有接受过防灾减灾的学校教育。在社区宣传等方面，仍有许多工作还未完善，很多城市居民对气象灾害的了解不深。我国农村人口比例大，而且受居住分散、交通不便、通信落后、文化水平等因素限制，大部分农民对气象灾害的防范知识掌握不够。另外，电视、报纸、网络等媒体结合我国气象灾害特点对气象防灾减灾知识的宣传力度还不够。

在美国，有专门负责向媒体提供详细的灾害信息；各大新闻媒体也积极参与宣传，开设专栏进行全方位报道，让公众及时了解灾情，增强自我保护意识。一些地方每年都要在灾害多发期前举行演习。

在日本，仅东京就有 3 个规模很大的公益性的防灾教育馆，市民能在这里接受各种防灾知识教育。日本还把每年的 9 月 1 日定为全国防灾日，全国各地都以不同的方式举行灾害宣传、防灾演习等活动，首相和大臣都会参加。

近年以来，中国国家气象局与中国科学技术协会联合启动了气象防灾减灾科普宣传活动，双方将探索建立长期合作机制，采取通俗易懂、形式多样的宣传方式，提高全社会对气象灾害的防范意识。根据《国家综合减灾"十一五"规划》，将开展防灾减灾科普宣传教育工程，在全国建立 100 个防灾减灾宣传教育基地。

因此，主动学习掌握一些应对灾害的自救、互救技能，在雷电、暴雨、洪涝、台风等自然灾害多发区的公众，更应该提高警惕。面对频发的"天灾"，我们每个人都应该有所准备。

一是学习。要学习各种气象灾害及其避险知识。

二是准备。做好个人、家庭物资准备。建议家庭准备以下防灾物品和器材：清洁水、食品、常用药物、雨伞、手电筒、御寒用品和生活必需品、收音机、手机、绳索、适量现金。如有婴幼儿，还需准备奶粉、奶瓶、尿布等婴儿用品；为老人准备拐杖、特需药品等。

三是收听。看电视、报纸、听广播，及时收听各级气象部门发布的灾情信息，不听信谣传。

四是观察。密切注意观察周围环境的变化情况，一旦发现异常现象，要尽快向有关部门报告，灾前要选好避灾的安全场所。

五是判断。在救灾行动中，首先要切断可能导致次生灾害的电、煤气、水源。灾害一旦发生，要有良好的心态，坦然面对。

六是救助。利用学过的救助知识，进行自救和互救；利用准备的药品，对受伤或生病者进行及时抢救；特别要注意做好卫生防疫。

七是保险。除了个人保护外，积极参加防灾保险，例如，人身意外伤害保险、农作物保险等，以减少经济损失。

1.7　台风登陆后的威力和启示

历史资料显示，我国沿海地区平均每年有 7 次台风登陆。一般情况下，台风登陆后通常会消亡，但也有"死而复活"的，往往会产生严重灾害。我国大陆迄今最大的特大暴雨灾害，是发生在 1975 年的河南省，24 小时下了 1 062mm，其中 50mm 为暴雨，人在雨中伸手不见五指，河南省两大水库垮塌，就因台风"复活"所致。这种"复活"的一个原因，是内陆有另类能量补充，使其变性发展。在闽、浙登陆减弱的台风残涡，若向北移动靠近上海市，也会引起特大暴雨灾害。对这类台风要特别警惕。另外，有的台风在长三角近海北上，虽未登陆，但在一定条件下会造成长江口海水倒灌，并使黄浦江满溢成灾。

登陆广东省等地的台风，有一部分是源于南海的南海台风，南海海域东西向宽度还不到 1 000km，难以形成直径达 2 000km 的巨型台风。另外，广东省纬度较低，距南海台风源地很近，台风还没充分发展加强时就登陆减弱了。1956 年，百年不遇的巨型超强台风在浙江省象山登陆，其 6 级风圈直径就超 2 000km，给浙江、上海、江苏、安徽、河南、河北、山东等省市均造成严重灾害。为近 60 年来登陆我国大陆台风之最。

知识连接——为什么台风登陆后强度减弱而暴雨不减

台风登陆后，仍在沿海地区恣意破坏，拔树倒屋，吹毁庄稼。一旦深入内陆，受到地面摩擦力的影响，风速逐渐减小，强度大大削弱。但这时暴雨倾注，使山洪暴发，冲毁水库，淹没田地。那么为什么台风登陆后强度减弱而暴雨却不减呢？

台风是围绕低气压中心猛烈旋转的热带大气漩涡。当它登

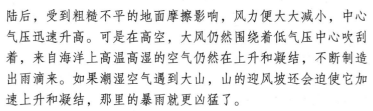

陆后，受到粗糙不平的地面摩擦影响，风力便大大减小，中心气压迅速升高。可是在高空，大风仍然围绕着低气压中心吹刮着，来自海洋上高温高湿的空气仍然在上升和凝结，不断制造出雨滴来。如果潮湿空气遇到大山，山的迎风坡还会迫使它加速上升和凝结，那里的暴雨就更凶猛了。

有时候，台风登陆以后，已疲惫不堪，风力减小，中心移动缓慢，甚至老是在一个地方停滞徘徊。这样，暴雨一连几天几夜的倾泻在同一个地区，暴雨造成的灾情就更严重了。1975年8月河南省特大的暴雨，就是台风登陆后的低压中心一连几天在那儿停滞所造成的。

1.8 我国的防汛抗旱体系及减灾措施

我国地处欧亚大陆东南部，东南临太平洋，西南、西北深入欧亚大陆腹地，地势西南高、东北低，地理条件和气候条件十分复杂，大部分地区位于世界上著名的季风气候区，降水的时空变化很大，水旱灾害频繁。

新中国成立以来，我国投入大量人力、物力，加强防洪工程建设，开辟蓄水滞洪区近百处，疏浚整治河道，基本建成了七大江河的防洪工程体系，增强了抗御水旱灾害的能力。

在非工程防洪措施建设方面，确立了行政首长负责制的防汛抗旱组织体系，中央设立国家防汛抗旱总指挥部；七个流域机构中，长江、黄河、淮河、珠江、松花江均设立防汛抗旱总指挥部，辽河、海河、太湖设立防汛办公室，负责流域内防洪管理和关键工程调度；各省、地（市）和有防洪任务的县均设立防汛抗旱指挥部，建立了报汛站网，还在重点地区建立了防汛专用通信网、洪水预报和警报系统，在历年防汛、抗旱工作中发挥了重要作用。

我国防汛系统的现状与发达国家相比，还有很大差距，信息采集和洪水预报精度都需进一步提高，决策支持系统需进一步完善。

因此，亟需在建设防洪工程体系的同时，建设适应我国国情的现代化的国家防汛指挥系统。

水文应急测报响应制度

水文测报是实施防汛救灾的重要基础工作，国家水利部制定了四级水文应急测报响应制度。

Ⅰ级响应

出现下列情形之一者，启动Ⅰ级响应：

1. 某个重要流域发生特大洪水或两个以上重要流域同时发生大洪水；

2. 大江、大河干流重要堤防发生决口；

3. 大型及重点中型水库发生垮坝；

4. 重要跨界河流发生堤防决口、垮坝洪水及特大洪水；

5. 多个省（区、市）发生特大干旱或多座大型以上城市发生极度干旱；

6. 重要城市主要水源地突发严重水污染，影响或可能影响安全供水；

7. 大江、大河以及重要湖泊、水库突发大范围水污染，使当地经济、社会活动及水环境生态受到严重影响；

8. 重要省际及跨界水域突发大范围水污染，造成严重影响。

Ⅰ级响应行动

国家水文部门主持水文应急测报的组织指挥工作；视情况需要，派出工作组或专家组赴一线，指导水文应急测报工作；根据请求，协调组织装备、物资及人员等应急支援；强化值班，根据需要，增加值班人员；组织开展水文预测预报及分析工作，为应急处置提供决策支持；组织水文调查分析工作。

Ⅱ级响应

出现下列情形之一者，启动Ⅱ级响应：

1. 某个重要流域发生大洪水或数省（区、市）多个市（地）发生严重洪涝灾害；

2. 大江、大河干流一般河段及主要支流堤防发生决口；

3. 一般中型水库发生垮坝；

4. 重要跨界河流发生较大以上洪水；

5. 数省（区、市）多个市（地）发生严重干旱、一省（区、市）发生特大干旱、多个大城市发生严重干旱或大中城市发生极度干旱；

6. 县级以上城镇水源地突发严重水污染，影响或可能影响安全供水；

7. 大江、大河以及重要湖泊、水库突发水污染，使当地经济、社会活动及水环境生态受到较大影响；

8. 重要省际及跨界水域突发水污染，造成较大影响。

Ⅱ级响应行动

国家水文部门主持水文应急测报的组织指挥工作；视情况需要，派出专家组赴一线，进行技术指导；根据请求，协调组织装备、物资及人员等应急支援；加强值班；组织开展水文预测预报及分析工作，为水利部应急处置提供决策支持；组织水文调查分析工作。

Ⅲ级响应

出现下列情形之一者，启动Ⅲ级响应：

1. 数省（区、市）同时发生洪涝灾害或一省（区、市）发生较大洪水；

2. 小型水库发生垮坝；

3. 数省（区、市）同时发生中度以上的干旱灾害、多座大型以上城市同时发生中度干旱或一座大型城市发生严重干旱；

4. 江河湖泊等水域突发水污染，使当地经济、社会活动及水环境生态受到影响。

Ⅲ级响应行动

国家水文部门主持水文应急测报的组织指挥工作；做好值班工作；指导水文预测预报及分析工作；指导水文调查分析工作；做好

有关报告协调工作。

Ⅳ级响应

出现下列情形之一者，启动Ⅳ级响应：

1. 数省（区、市）同时发生一般洪水；

2. 数省（区、市）同时发生轻度干旱；

3. 多座大型以上城市同时因旱影响正常供水；

4. 江河湖泊等水域突发水污染，引起一般群体性影响。

Ⅳ级响应行动

国家水文部门主持水文应急测报的组织指挥工作；安排人员值班；跟踪掌握水文应急测报信息，及时向水利部报告。

防洪减灾科技保障的"988"计划

为吸取1998年洪水的经验教训，水利部正在研究启动"988"防洪减灾科技计划。

"988"计划是一项综合科技计划，由四部分组成：（1）重大课题研究；（2）关键技术开发；（3）科技推广转化；（4）规程规范制定。这四部分构成一个统一的整体，互相联系，互相支撑。

坚持创新，突出应用，为防洪减灾提供技术保证。在"988"防洪减灾科技项目中，技术开发项目是针对查险、抢险及灾后重建中的关键技术，其目标是为"988"防洪减灾提供技术支持。科技推广是为推广新技术、新材料，促进科技产业化。技术规程规范项目，是以技术立法方式体现科技进步和成果转化，是提高防洪工程及产品质量、提高管理水平的根本保证。

制订"988"防洪减灾科技计划时应把握的原则：一是提倡自主创新，借鉴国外先进经验；二是要组织跨学科、跨领域的联合公关；三是要注意研究成果的应用性；四是要坚持"有所为，有所不为"的原则，利用有限的资金，坚持有限目标，突出关键问题，力争有所突破。

建立国家水文数据库

为推进水量、水质、地下水水文资料的共享，我国建立国家水

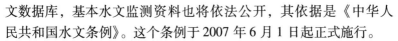

文数据库，基本水文监测资料也将依法公开，其依据是《中华人民共和国水文条例》。这个条例于 2007 年 6 月 1 日起正式施行。

水文监测资料是国民经济建设和社会发展所必需的重要基础信息。目前，开展水文监测活动的单位分布在多个部门，由于水文行业管理薄弱，水文监测资料共享程度低，各部门监测的水文资料彼此相互封闭，宝贵的水文信息资源得不到充分有效的利用，给国家造成了巨大的浪费。为此，《中华人民共和国水文条例》明确规定，国家对水文监测资料实行统一汇交制度。水文机构应当妥善存储和保管水文监测资料，根据国民经济建设和社会发展需要对水文监测资料进行加工整理形成水文监测成果，予以刊印。

1.9　我国加大防洪设施建设力度

广东省推进城乡水利防灾减灾工程建设

为推进城乡水利防灾减灾工程建设，确保如期完成工程建设任务，进一步提高全省防灾减灾能力，广东省计划贷款 110 亿元，解决工程建设资金问题。

全省城乡水利防灾减灾工程是广东省实施的"十项民心工程"之一，省属重点工程北江大堤加固达标工程进展顺利，正处于收尾阶段。珠江三角洲广州、深圳、佛山、中山、东莞等市一直走在全省前列。东莞市工程建设任务已经完成，深圳市将在年底完成建设任务，广州市、中山市将在 2008 年度完成建设任务。东西两翼和粤北山区梅州、河源、茂名、潮州、揭阳等市创新机制，克服困难，工程建设取得重大进展。

广东省将通过省级补助资金贷款和省级对地方贷款贴息补助的办法，解决建设资金瓶颈问题。一是省本级资金贷款，二是对地方（广州、深圳、珠海、佛山、东莞和中山除外）贷款给予省级贴息补助。

天津建设滨海新区防洪防潮工程

永定新河是永定河、北运河、潮白河和蓟运河洪水的入海通道，河道全长66km。永定新河控制着北四河8.3万km^{2}的流域面积，特别是右堤作为天津城市防洪圈的北部防线，河道行洪能力直接关系到天津和北京、河北地区的防洪安全。为此，滨海新区防洪防潮安全的永定新河治理工程于2007年底正式开工，工程建成后，将打通海河流域北四河防洪通道，构筑起滨海新区防洪防潮屏障，为促进滨海新区开发开放，安澜津城、保卫京冀奠定坚实基础。

工程建设主要内容和治理标准是：按泄洪能力50年一遇设计，100年一遇校核标准，在永定新河河口修建20孔防潮闸一座，拒海河泥沙于闸下河口之外，避免海沙继续淤积闸上河道；在闸下永定新河右岸新建一座码头；对永定新河右堤2.58km无堤段进行复堤，新建480m防潮闸与右堤的连接堤，对彩虹桥至防潮闸翼墙段650m左堤进行筑堤；对挡潮埝至潮白新河河口段及潮白新河河口以下11.5km河道进行清淤。一期工程建成后，将进一步提高天津市防洪防潮能力，永定新河达到可抗御20年一遇洪水的防洪标准。

2 关注中国的水资源问题

2.1 共同关注我国的水资源

我国水资源量

地球上淡水量仅占 2.5%，其中参与全球水循环的动态水量约为 577 万亿 m^3，其中降落在陆地上以径流为主要形式的水量，多年平均为 47 万亿 m^3。这部分水量逐年循环再生，是人类开发利用的主要对象。然而这部分水量中约有 2/3 是以暴雨和洪水形式出现，不仅难以大量利用，且常带来严重的水灾。

我国是一个干旱缺水的国家，拥有水资源量 2.8 万亿 m^3，人均占有水资源仅 2 300 m^3，只是世界平均水平的 1/4。我国农村供水的突出问题是农田灌溉供水不足。目前全国受旱面积 3 亿多亩。有一些干旱的山区、牧区水资源贫乏，至今饮水困难。水资源在我国地区上分布极不均匀，约有 80% 以上分布在长江流域及其以南地区，它与人口、耕地资源的分布不相匹配，南方水多、人多、耕地少，北方水少、人少、耕地多。北方有 9 个省（自治区、市）人均水资源占有量少于 500 m^3，水的供需矛盾十分突出。

我国城市缺水现象始于 20 世纪 70 年代末，到 1995 年，全国 620 多个城市中近 320 个城市缺水，严重缺水的有 110 多个。而工业和城市污水大量任意排放，又使水质污染日趋严重，是水资源的供需矛盾日益突出，黄河断流更引起全社会的关注。

我国是一个洪水灾害频发的国家。长江、黄河等七大河的中下游及沿海地区的洪涝灾害和东南沿海的台风，广大山丘区的山洪，泥石流，虽经整治，但成效较低。水土保持虽有成绩，但也有破坏。

进入 21 世纪，我国人口将继续增长，将达 16 亿高峰，对土地资源的开发将达到临界状态,对水的需求也将进一步增加。1993年全国工农业生产和城乡居民生活用水已达到 5 259亿 m³,人均用水约450m³。根据人口增长、工农业生产发展,如不节约用水,初步估计 2030 年需增加供水 2 000 亿~2 500亿 m³ 才能满足需要。黄、淮、海三流域 2010 年以后,随着人口的增加,人均水资源将不足400m³,缺水更严重。

我国面临的水资源问题,迫切需要进一步研究探讨水资源发展的新战略。一方面要考虑水资源的开源节流,使用水供需平衡;另一方面要考虑水旱灾害的防治,包括防洪、除涝和抗旱等。水土流失不但破坏土地资源,还将增加江河湖泊库的泥沙淤积,减少调蓄洪水的有效容积,因此,水资源应综合开发利用,充分发挥水资源的综合利用效益。

水资源保障问题

我国水资源的基本矛盾是水资源短缺及其引起的生态失衡,在相当时期内洪涝灾害和水环境污染也是非常突出的问题,研究发展的基本对策是:

(1)保障水资源供需平衡基本方针是开源节流,以节约为主。因为水是短缺资源,应提高水资源利用率;削减排污总量,节约环境用水;加强水土保持,节约生态用水。科学开发淡化海水,通过系统分析,审慎实施调水。

(2)防治水污染,我国城市和人口稠密地区都已出现了不同程度的水环境污染,形成因水污染而造成的水质型缺水。水污染的根源在于传统工农业生产浪费、耗竭自然资源的生产方式和获取最大利润的生产目的。因此,发展知识经济的集约化、高技术含量的生态工业,精细化、高附加值的生态农业和网络化、高知识含量的新型服务业是解决污染的根本出路。

(3)厉行节水,由于水资源短缺对于中国大部分地区都是最根本的问题,因此,水资源供需矛盾解决的根本办法也正是节水,节水、提高水资源利用率十分重要。

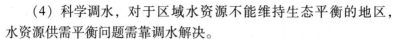

（4）科学调水，对于区域水资源不能维持生态平衡的地区，水资源供需平衡问题需靠调水解决。

（5）调整水价，水资源的供需是一种经济关系，在社会主义市场经济的体制中，它就是一种市场经济关系，运用水价经济杠杆作用，大力实施节水型社会的建设工作。

（6）缓解断流，我国江河断流主要是由于人口过度密集，经济过度发展的人类活动造成的。因此，解决断流问题的关键在于科学规划，合理配置，依法管理。

水资源紧缺节水为先

即使在暴雨频降、洪涝灾害频繁发生之年，水资源短缺依然是人们关注的焦点。

我国的水资源在时间和空间上分布不均匀，北方的面积占国土面积的64.5%，水资源总量只占到全国的19%。这一国情，使我们不得不面对这样的现实：当我国经济驶入快车道的时候，缺水，正越来越成为经济社会发展的瓶颈。面对水资源困境，节水是第一位的。

近几年来，为了解决水资源矛盾，国家加大了节水型社会建设的力度，各地也因地制宜采取了许多节水措施，一向缺水的新疆维吾尔自治区，推广喷灌、滴灌等田间高效节水灌溉面积超过1 000万亩，节水效果明显。

但在水资源紧缺的现实下，浪费水的现象依然大量存在。有些地方还存在大水漫灌现象，我国的灌溉亩均用水量与先进的国家相比还很高。我们需要不断地增强节水意识。解决缺水问题，不仅是水利部门的责任，每个单位、每个人都有责任；而保护水资源也不仅仅是技术问题，更要将社会、经济、法律等关键因素综合考虑。近年来，为推动公民节约用水，我国采取逐步提高水价的方式，也确有收效。缓解水资源紧缺的状况，应改变我国存在的粗放型的生产方式和用水管理现状。

"一滴水，一小时会浪费3.6kg的水，一个月就是2.6t；连成线的小水流，每小时浪费17kg，每月就是12t"。因此，水资源渗透于人们的生活习惯，贯穿于经济社会之中，建设节水型社会显得十分重要。

城乡饮水安全问题

据第二次全国水资源调查评价结果，目前饮用水源地水功能不达标率达35.6%。城镇饮水不仅是缺水，还面临水源地污染问题，长江三角洲、珠江三角洲等人口密集、经济发达城镇，由于水源地污染导致饮用水安全受到威胁。因此，防污、治污，保护水源地，改善饮水水质，保障饮水安全，是经济社会发展需解决的问题和紧迫任务。为此，我国提出了六项对策建议：

一是统筹做好全国城乡饮水水源地保护规划及基础设施建设；

二是对全国城乡饮水水源地保护实行统一管理；

三是制定饮用水安全应急预案、健全监测网络；

四是把水污染防治作为国家保障饮水安全的主要任务；

五是解决城乡饮水安全的投入；

六是增加饮水安全的科研和技术投入。

我国政府已着手并投入巨资，解决我国农村3亿多农村人口饮用不合格水的问题。

水兴才能带来百业兴旺。水的问题解决了，我国农业、农村的种植业、养殖业、加工业才可能得到快速发展。新农村建设有了水，农户就可以把改厨、改厕、改灶、改路结合起来，农村的面貌就会焕然一新，我国农业、农村、农民的经济发展才有希望。

知识连接——农村饮水不安全标准

水质、水量、方便程度和保证率达不到《农村饮用水安全卫生评价指标体系》基本安全规定的为不安全。

《农村饮水安全卫生评价指标体系》由卫生部与水利部联合制定，具体规定是：在水质方面，不符合《农村实施〈生活饮用水卫生标准〉》要求的为不安全；在水量方面，每人每天可获得的水量低于 20～40L 为不安全；在方便程度方面，人力取水往返时间超过 20min 为不安全；在保证率方面，供水保证率低于 90% 为不安全。

2.2 普及国民水情水法规知识

国民迫切需要水教育

我国被列为世界 13 个主要贫水国之一，按照目前的正常需要和不超采地下水的情况，正常年份全国缺水量将近 400 亿 m^3，水资源短缺已成为我国经济和社会可持续发展的严重制约因素。但目前我国用水浪费、用水效率低下，科学用水、节约用水做得还不够。农业用水是我国第一用水大户，灌溉水有效利用系数仅 0.45 左右，发达国家为 0.7～0.8；工业用水方面，2005 年我国万元工业增加值用水量为 169m^3，发达国家万元工业增加值用水量一般在 50m^3 以下；生活用水方面，我国节水器具使用率普遍偏低，家庭有效节水的节水洗衣机使用率最高的上海市仅为 12%，而在法国巴黎的一些中高档居民区，日常生活用水实行包干制，但这些家庭仍大量使用节水马桶，许多人甚至不惜多花很多钱安装生态淋浴系统，将洗澡水过滤后重新装入抽水马桶，这样可节省近 40% 的生活用水。

我国公众的节水意识不强是一个现实问题。要提高全民节水意识，实现全方位的公众参与节水型社会建设是一个长期的过程，及早实施比较系统的水教育奠定坚实基础很有必要。如果不及早实施水教育，节水型社会的建设进度将会受到影响。

水教育实质是一种广义的科学普及教育。它将针对我国水资源的特点和整体教育水平，推广和普及中国的水文化、水历史、水科学知识、水利知识，达到提高公众参与建设节水型社会能力的目的。学生、教师、社会公众都是水教育的对象，尤其青少年是未来社会的主人，是未来进行节水型社会建设的中坚力量，是进行水教育发展计划实施的重点对象。

与发达国家比较系统、相对成熟的水教育相比，我国水教育还处于萌芽阶段，目前的基本情况是：知识零散、不系统，公众关注少，行动少。

水教育应该从长远、宏观的角度考虑，行动计划必须从娃娃抓起。要实施系统有效的水教育，就必须将响亮的口号转变为切实的行动、由专业的知识转变为易学的科普、由简单的了解转变为系统的学习、由零散的活动转变为广泛的参与。

实施水教育计划，必须以了解国内外现状与需求、借鉴国际经验等背景调查为基础，将书籍编写、推广和应用作为整个水教育计划的主线，依靠强大的水教育合作网络，进行相应的培训、考察和国内外水教育研讨会等系列活动，逐渐在国内普及具有中国特色的水教育，逐步提高国内外的社会影响力，公众节约和保护水资源的意识和基本的水管理参与能力。

期待有更多的科学家、水利工作者、政府部门关注水教育，加强合作，多管齐下，全方位推行水教育。也期待更多的社会公众广泛参与水教育，理解自己和他人之间涉水方式的不同，了解自己作为社会一员与水这种自然环境重要因素的关系，养成"节水、爱水、知水、护水"价值观念，学习推进水资源可持续利用所要求的行为和生活方式。只有这样，节水型社会建设才能有效开展，水资源可持续利用的愿望才不会落空。

观点连接——倡导有"中国特色"水教育

水教育在提高全民"知水、爱水、节水、护水"意识的同时，重在开展对水资源管理、建设节水型社会的参与。

我国水情教育存在着知识零散、不系统、教育多、行动少等问题，一些水的知识大部分被糅杂在环保教育、资源、能源等教育的书籍里，系统进行水教育的书籍需要从我国水资源特点和实际情况出发组织编写并推广；针对公众对水的宣传较

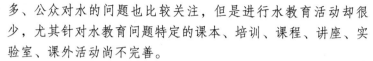

多、公众对水的问题也比较关注，但是进行水教育活动却很少，尤其针对水教育问题特定的课本、培训、课程、讲座、实验室、课外活动尚不完善。

在一些发达国家，有关水的教育已经比较系统、相对成熟，有完善的教学课程和实践方案，并在公众参与水资源管理、为水务管理者实施监督等方面起到一定的作用。我国的水教育起步较晚，还处于萌芽阶段，仅以引进、借鉴、模仿为主要手段。

以我国悠久的水历史、水文化、水资源的特点为背景，倡导有中国特色的水教育。首先，我国的历史比较悠久，而且重要历史的开端都以治水为先，大禹治水便是首例，社会历史的变革跟水的文化历史密切相关，这是我国所特有的。其次，我国的水资源特点与欧洲不同，欧洲的降雨比较均匀，而我国的降雨则时空不均，水资源特点的不同造成了对水的利用方式也不同，水教育的内容侧重点不同。我国所处的社会经济发展阶段与发达国家还有明显差距，而且人口较多，资源平均水平低，差异显著。这些内容，应通过水教育读本的编写和推广，倡导有中国特色的水教育。

针对我国现阶段水教育的特点，编写适合公众的水知识读本，逐步推广，逐步形成比较系统、完备的水教育实施体系；在获取广泛水知识的基础上，通过相应的政策和措施，以水教育为基础引导广泛的公众参与机制，支撑节水型社会的建设和水资源管理工作。

研究建立我国公众参与水资源管理和建设节水型社会的水教育评价、监督、保障合作运行体系也很重要。依靠政府有效的力量和非政府组织的广泛参与，引导促进水教育开展有效的机制。一方面必须获得政府的支持，获得相应的政策和资金支持；另一方面，正确发挥非政府组织的专业知识和宣传力量，获得技术和平台支持。同时，不断进行密切交流、共享资源与经验，加强国际合作、实现优势互补与取长补短，认真分析可汲取的经验，共同推进水资源的可持续利用和人类社会的可持续发展。

我国的水法律及水行政法规

水法律是由全国人大常委会审议通过，以国家主席令形式发布的，规定涉水事务的法律规范。水法律的设定权限：确立有关涉水事务的基本制度及其相关重要制度；设定涉水事务的各类行政许可、行政处罚等。目前我国关于水法律方面有 4 个法律。

《中华人民共和国水法》（1988 年发布，2002 年修订）；

《中华人民共和国防洪法》（1997 年发布）；

《中华人民共和国水土保持法》（1991 年发布）；

《中华人民共和国水污染防治法》（1984 年发布，1996 年修订）。

2002 年新修订的《中华人民共和国水法》中强调了节水问题，除总则中多处提到节约用水外，水法专列一章阐述节约用水。水法的第五章为水资源配置和节约使用。该章共 12 条，其中 5 条为节约用水的内容：

第四十九条 用水应当计量，并按照批准的用水计划用水。用水实行计量收费和超定额累进加价制度。

第五十条 各级人民政府应当推行节水灌溉方式和节水技术，对农业蓄水、输水工程采取必要的防渗漏措施，提高农业用水效率。

第五十一条 工业用水应当采用先进技术、工艺和设备，增加循环用水次数，提高水的重复利用率。

国家逐步淘汰落后的、耗水量高的工艺、设备和产品，具体名录由国务院经济综合主管部门会同国务院水行政主管部门和有关部门制定并公布。生产者、销售者或者生产经营中的使用者应当在规定的时间内停止生产、销售或者使用列入名录的工艺、设备和产品。

第五十二条　各级人民政府应当因地制宜采取有效措施，推广节水型生活用水器具，降低城市供水管网漏失率，提高生活用水效率；加强城市污水集中处理，鼓励使用再生水，提高污水再生利用率。

第五十三条　新建、扩建、改建建设项目，应当制订节水措施方案，配套建设节水设施。节水设施应当与主体工程同时设计、同时施工、同时投产。供水企业和自建供水设施的单位应当加强供水设施的维护管理，减少水的漏失。

水行政法规是由国务院常务会议审议通过，以国务院令形式发布的，规定涉水事务的法律规范。主要的水行政法规有：

（1）中华人民共和国河道管理条例（国务院令第 3 号，1988年发布）；

（2）水库大坝安全管理条例（国务院令第 77 号，1991 年发布）；

（3）中华人民共和国防汛条例（国务院令第 86 号，1991 年，并根据国务院令第 441 号修改，2005 年发布）；

（4）中华人民共和国水土保持法实施条例（国务院令第 120号，1993 年发布）；

（5）城市供水条例（国务院令第 158 号，1994 年发布）；

（6）淮河流域水污染防治暂行条例（国务院令第 183 号，1995 年发布）；

（7）中华人民共和国水污染防治法实施细则（国务院令第 284号，2000 年）；

（8）蓄滞洪区运用补偿暂行办法（国务院令第 286 号，2000年发布）；

（9）长江三峡工程建设移民条例（国务院令第 299 号，2001年发布）；

（10）长江河道采沙管理条例（国务院令第 320 号，2001 年发布）；

（11）取水许可和水资源费征收管理条例（国务院令第 460 号，2006 年发布）；

（12）大中型水利水电工程建设征地补偿和移民安置条例（国务院令第 471 号，2006 年发布）；

（13）黄河水量调度条例（国务院令第 472 号，2006 年发布）。

世界水日与中国水周

"世界水日"和"中国水周"是世界、中国政府组织的一项广泛宣传水资源的社会性、公益性活动。

1993 年 1 月 18 日，第 47 届联合国大会根据联合国环境与发展大会制定的《21 世纪行动议程》中提出的建议，通过了第 193 号决议，并确定自 1993 年起，将每年的 3 月 22 日定为"世界水日"，旨在推动对水资源进行综合性统筹规划和管理，加强水资源保护，以解决日益严峻的缺水问题。同时，通过开展广泛的宣传教育活动，增强公众对开发和保护水资源的意识。

2003 年，联合国第 58 届大会通过决议，宣布从 2005～2015 年为生命之水国际行动十年，主题是"生命之水"，从 2005 年 3 月 22 日的世界水日正式实施。

生命之水国际行动十年的目标是敦促各国更加关注与水相关的问题，开展多层次合作，以实现《联合国千年宣言》、《约翰内斯堡实施计划》和《21 世纪议程》中与水相关的目标。

联合国大会呼吁联合国各相关机构、专门机构、地区委员会和其他组织共同协调行动，利用现有资源和自愿捐款，在十年行动中体现"生命之水"的含义。

1988 年《中华人民共和国水法》颁布后，我国水利部确定，每年的 7 月 1～7 日定为"中国水周"，考虑到"世界水日"与"中国水周"的主旨和内容基本相同，所以从 1994 年开始，把"中国水周"的时间改为每年的 3 月 22～28 日，时间重合，使宣传活动更加突出"世界水日"的主题。

联合国环境规划署规定每年的 3 月 22 日为"世界水日"，2007 年是第十五届"世界水日"，主题是"应对水短缺"，3 月 22～28 日为第二十届"中国水周"，宣传主题为"水利发展与和谐社会"；2008 年 3 月 22 日是第十六届"世界水日"，联合国确定 2008 年"世界水日"的宣传主题是"涉水卫生"。2008 年 3 月 22～28 日是第二十一届"中国水周"，我国纪念"世界水日"和开展"中国水周"活动的宣传主题为"发展水利，改善民生"。

联合国环境规划署前署长、环境运动元老、埃及的穆斯塔法·托尔巴曾指出："我们过去常认为，能源和水是 21 世纪的关键问题。现在我们认为，水将是个关键问题。"

人可三天不食，但不可一日无水。

水是生命之源。我国人均水资源只是世界平均水平的 1/4，且时空分布不均，再加之水资源浪费巨大，水污染问题突出，对水资源缺乏合理的开采和利用，造成水资源短缺。这个问题将成为 21 世纪制约我国社会经济可持续发展的重要因素。我国 600 多座城市中有 300 多座缺水，严重缺水的就有 100 多座城市。

目前，全世界每年因喝了不干净的水而死亡的儿童就有 5 000 万人。水危机，已经向人类敲响了警钟！

保护水源，任重道远。

在 2006 年召开的全国水利厅局长会议上，水利部部长汪恕诚提出，要转变以往比较注重水资源的开发、利用、治理，但对水资源的配置、节约、保护重视不够的局面，要把节约和保护水资源作为一项重要国策，实现由工程水利向资源水利，由传统水利向现代水利、可持续水利的转变。

据科学界估计，全世界有半数以上的国家和地区缺乏饮用水，特别是经济欠发达的第三世界国家，目前已有 70%，即 17 亿人喝不上清洁水，世界已有将近 80% 人口受到水荒的威胁。我国每年因缺水而造成的经济损失达 100 多亿元，因水污染而造成的经济损失高达 400 多亿元。

有位专家曾经说过：大概 70 年后，水会比油贵。人类如果不珍惜水资源，人类在石油危机之后，下一个危机就是水！

我国发布《水量分配暂行办法》

2007 年 12 月 5 日水利部发布了《水量分配暂行办法》（水利部令第 32 号）于 2008 年 2 月 1 日起施行。

1. 基本意义

1988 年发布的《中华人民共和国水法》确立了水量分配制度，2002 年颁布实施新的《中华人民共和国水法》进一步完善了水量分配制度，并明确规定国家对用水实行总量控制和定额管理相结合的制度。目前，我国在水资源管理上已经全面实施了取水许可制度，基本上实现了在取用水环节对社会用水的管理。但是，由于长期以来缺乏对行政区域用水总量的明晰和监控，导致一些行政区域之间对水资源进行竞争性开发利用，并由此造成了用水秩序混乱、用水浪费、地下水超采、区域间水事矛盾以及河道断流和水环境恶化等一系列问题。为解决这一问题，《取水许可和水资源费征收管理条例》第十五条明确规定："批准的水量分配方案或者签订的协议是确定流域与行政区域取水许可总量控制的依据。"因此，水量分配在完善水资源管理制度、强化水资源管理方面作用重大，必须加强贯彻落实。为此，通过制定《水量分配暂行办法》，更好地指导和规范水量分配工作，具有重要的现实意义。

2. 基本内涵

水量分配就是在统筹考虑生活、生产和生态与环境用水的基础上，将一定量的水资源作为分配对象，向行政区域进行逐级分配，确定行政区域生活、生产的水量份额的过程。

《水量分配暂行办法》结合已经制定的黄河、黑河、漳河等河流的水量分配方案，并考虑到各流域和行政区域水资源的特点，规定了两种分配对象，即水资源可利用总量或者可分配的水量，对应的分配结果分别是确定行政区域的可消耗的水量份额或者取用水水量份额（统称水量份额）。水量分配应当以水资源综合规划为基础，水资源可利用总量是水资源综合规划中的成果之一。对尚未制订水资源综合规划的，《水量分配暂行办法》规定可以在进行水资源及其开发利用的调查评价、供需水预测和供需平衡的基础上，进行水量分配试点工作。跨省、自治区、直辖市河流的试点方案，经流域管理机构审查，报水利部批准；省、自治区、直辖市境内河流的试点方案，经流域管理机构审核后，由省级水行政主管部门批准。水资源综合规划制订或者本行政区域的水量份额确定后，试点水量分配方案不符合要求的，应当及时进行调整。

由于各地情况多样，在一些流域或者行政区域按照水资源可利用总量进行水量分配存在困难或者不合理。例如，在河网地区由于水流往复，难以监控区域耗水总量，如果以水资源可利用总量实施分配，确定行政区域的可消耗的水量份额不便管理；在水资源丰富的流域，水资源可利用总量可能远大于实际用水现状，也不能以水资源可利用总量进行分配；而在水资源十分短缺、开发利用程度已经很高的流域，以水资源可利用总量进行分配与实际状况差异很大，难以实施。因此，《水量分配暂行办法》还规定了可分配的水量这一分配对象，为有关流域和区域因地制宜提出符合实际的水量分配方案留下了余地。

3. 水量分配原则

水量分配既涉及技术问题，要摸清水资源家底，科学预测未来用水需求，还涉及各相关行政区域的用水权益，是一项政策性很强的工作。水量分配应当遵循公平和公正的原则，充分考虑流域与行政区域水资源条件、供用水历史和现状、未来发展的供水能力和用水需求、节水型社会建设的要求，妥善处理上下游、左右岸的用水关系，协调地表水与地下水、河道内与河道外用水，统筹安排生活、生产、生态与环境用水，建立科学论证、民主协商和行政决策相结合的分配机制。水量分配方案制订机关应当进行方案评选，广泛听取意见，在民主协商、综合平衡的基础上，提出水量分配方案，报批准机关批准。

4. 制订水量分配方案，需要预留水量份额

为经济社会的发展提供水资源保障是水利部门的责任，水量分配不能只顾眼前，还要顾及长远发展需求。为满足未来发展用水需求和国家重大发展战略用水需求，在水量分配时应当预留一定的水量份额，但考虑到各流域和行政区域的水资源条件差异，一概要求预留也不现实。因此，《水量分配暂行办法》规定，水量分配方案制订机关可以与有关行政区域政府协商预留一定的水量份额；预留水量份额尚未分配前，可以将其相应的水量合理分配到年度水量分配方案和调度计划中。这样的规定既不会对正常情况下的用水产生额外限制，同时在政府需要动用预留水量份额的情况下，保障用水户原有取用水额度的稳定性和用水权利，也为未来发展提供了水资源空间。

内容连接——《水量分配暂行办法》

第一条 为实施水量分配，促进水资源优化配置，合理开发、利用和节约、保护水资源，根据《中华人民共和国水法》，制定本办法。

第二条 水量分配是对水资源可利用总量或者可分配的水量向行政区域进行逐级分配，确定行政区域生活、生产可消耗的水量份额或者取用水水量份额（以下简称水量份额）。

水资源可利用总量包括地表水资源可利用量和地下水资源可开采量，扣除两者的重复量。地表水资源可利用量是指在保护生态与环境和水资源可持续利用的前提下，通过经济合理、技术可行的措施，在当地地表水资源中可供河道外消耗利用的最大水量；地下水资源可开采量是指在可预见的时期内，通过经济合理、技术可行的措施，在不引起生态与环境恶化的条件下，以凿井的方式从地下含水层中获取的可持续利用的水量。

可分配的水量是指在水资源开发利用程度已经很高或者水资源丰富的流域和行政区域或者水流条件复杂的河网地区以及

其他不适合以水资源可利用总量进行水量分配的流域和行政区域，按照方便管理、利于操作和水资源节约与保护、供需协调的原则，统筹考虑生活、生产和生态与环境用水，确定的用于分配的水量。

经水量分配确定的行政区域水量份额是实施用水总量控制和定额管理相结合制度的基础。

第三条 本办法适用于跨省、自治区、直辖市的水量分配和省、自治区、直辖市以下其他跨行政区域的水量分配。

跨省、自治区、直辖市的水量分配是指以流域为单元向省、自治区、直辖市进行的水量分配。省、自治区、直辖市以下其他跨行政区域的水量分配是指省、自治区、直辖市或者地市级行政区域为单元，向下一级行政区域进行的水量分配。

国际河流（含跨界、边界河流和湖泊）的水量分配不适用本办法。

第四条 跨省、自治区、直辖市的水量分配方案由水利部所属流域管理机构（以下简称流域管理机构）与有关省、自治区、直辖市人民政府制订，报国务院或者其授权的部门批准。

省、自治区、直辖市以下其他跨行政区域的水量分配方案由共同的上一级人民政府水行政主管部门与有关地方人民政府制订，报本级人民政府批准。

经批准的水量分配方案需修改或调整时，应当按照方案制定程序经原批准机关批准。

第五条 水量分配应当遵循公平和公正的原则，充分考虑流域与行政区域水资源条件、供用水历史和现状、未来发展的供水能力和用水需求、节水型社会建设的要求，妥善处理上下游、左右岸的用水关系，协调地表水与地下水、河道内与河道外用水，统筹安排生活、生产、生态与环境用水。

第六条 水量分配应当以水资源综合规划为基础。

尚未制订水资源综合规划的，可以在进行水资源及其开发利用的调查评价、供需水预测和供需平衡分析的基础上，进行水量分配试点工作。跨省、自治区、直辖市河流的试点方案，经流域管理机构审查，报水利部批准；省、自治区、直辖市境内河流的试点方案，经流域管理机构审核后，由省级水行政主管部门批准。水资源综合规划制定或者本行政区域的水量份额确定后，试点水量分配方案不符合要求的，应当及时进行调整。

第七条 省、自治区、直辖市人民政府公布的行业用水定额是本行政区域实施水量分配的重要依据。

流域管理机构在制订流域水量分配方案时，可以结合流域及各行政区域用水实际和经济技术条件，考虑先进合理的用水水平，参考流域内有关省、自治区、直辖市的用水定额标准，经流域综合协调平衡，与有关省、自治区、直辖市人民政府协商确定行政区域水量份额的核算指标。

第八条 为满足未来发展用水需求和国家重大发展战略用水需求，根据流域或者行政区域的水资源条件，水量分配方案制订机关可以与有关行政区域人民政府协商预留一定的水量份额。预留水量的管理权限，由水量分配方案批准机关决定。

预留水量份额尚未分配前，可以将其相应的水量合理分配到年度水量分配方案和调度计划中。

第九条 水量分配应当建立科学论证、民主协商和行政决策相结合的分配机制。

水量分配方案制订机关应当进行方案评选，广泛听取意见，在民主协商、综合平衡的基础上，确定各行政区域水量份额和相应的流量、水位、水质等控制性指标，提出水量分配方案，报批准机关审批。

第十条 水量分配方案包括以下主要内容：

（一）流域或者行政区域水资源可利用总量或者可分配的

水量；

（二）各行政区域的水量份额及其相应的河段、水库、湖泊和地下水开采区域；

（三）对应于不同来水频率或保证率的各行政区域年度用水量的调整和相应调度原则；

（四）预留的水量份额及其相应的河段、水库、湖泊和地下水开采区域；

（五）跨行政区域河流、湖泊的边界断面流量、径流量、湖泊水位、水质，以及跨行政区域地下水水源地地下水水位和水质等控制指标。

第十一条　各行政区域使用跨行政区域河流、湖泊和地下水水源地的水量通过河流的边界断面流量、径流量和湖泊水位以及地下水水位监控。监测水量或者水位的同时，应当监测水体的水质。

第十二条　流域管理机构或者县级以上地方人民政府水行政主管部门应当根据批准的水量分配方案和年度预测来水量以及用水需求，结合水工程运行情况，制订年度水量分配方案和调度计划，确定用水时段和用水量，实施年度总量控制和水量统一调度。

当出现旱情紧急情况或者其他突发公共事件时，应当按照经批准的旱情紧急情况下的水量调度预案或者突发公共事件应急处置预案进行调度或处置。

第十三条　为预防省际水事纠纷的发生，在省际边界河流、湖泊和跨省、自治区、直辖市河段的取用水量，由流域管理机构会同有关省、自治区、直辖市人民政府水行政主管部门根据批准的水量分配方案和省际边界河流（河段、湖泊）水利规划确定，并落实调度计划、计量设施以及监控措施。

跨省、自治区、直辖市地下水水源地的取用水量，由流域管理机构会同有关省、自治区、直辖市人民政府水行政主管部门根据批准的水量分配方案和省际边界地区地下水开发利用规划确定，并落实开采计划、计量设施以及监控措施。

第十四条 流域管理机构和各级水行政主管部门应当加强水资源管理监控信息系统建设，提高水量、水质监控信息采集、传输的时效性，保障水量分配方案的有效实施。

第十五条 已经实施或者批准的跨流域调水工程调入的水量，按照规划或者有关协议实施分配。

第十六条 流域管理机构和各省、自治区、直辖市人民政府水行政主管部门可以根据本办法制定实施细则，报水利部备案。

第十七条 本办法自 2008 年 2 月 1 日起施行。

3 节水是我国的基本国策

3.1 大力推进节水型社会建设

我国"十一五"节水型社会建设规划

为贯彻科学发展观，加快建设资源节约型、环境友好型社会，2007年2月国家发展改革委、水利部、建设部联合发布《节水型社会建设"十一五"规划》（简称《规划》）。《规划》分析了我国水资源利用现状、面临的形势，明确了"十一五"期间节水型社会建设的目标和任务，确定了节水型社会建设的重点和对策措施，提出了节水型社会建设重大工程，是指导今后一个时期我国节水型社会建设的行动纲领。

《规划》提出了"十一五"期间节水型社会建设的目标是到2010年，节水型社会建设要迈出实质性的步伐、取得明显成效，水资源利用效率和效益显著提高：

（1）单位国民生产总值耗用水量比2005年降低20%以上。

（2）农田灌溉水有效利用系数由0.45提高到0.50左右。

（3）单位工业增加值用水量低于115m³，比2005年降低30%以上。

（4）全国设市城市供水管网平均漏损率不超过15%，生活节水器具在城镇得到全面推广使用，北方缺水城市再生水利用率达到污水处理量的20%，南方沿海缺水城市达到5%～10%。

（5）通过实施《规划》，5年节水690亿m³，其中，农业节水200亿m³，工业节水134亿m³，城镇生活节水18亿m³。

《规划》提出节水型社会建设的主要任务：

一是建立健全节水型社会管理体系；

二是建立与水资源承载能力相协调的经济结构体系；

三是完善水资源高效利用的工程技术体系；

四是建立自觉节水的社会行为规范体系。

为落实《规划》目标任务，《规划》提出八项保障措施：

一是加强组织领导，建立协调机制；

二是完善法规政策，强化执法监督；

三是加强用水管理，强化基础工作；

四是加大政府投入，拓展融资渠道；

五是严格绩效考核，扩大公众参与；

六是加强市场监管，严格市场准入；

七是依靠科技进步，推广节水新技术；

八是加强宣传教育，提高节水意识。

"十一五"时期万元GDP用水量须降低20%

"十一五"时期，全国节水型社会建设的目标强调，到2010年，全国万元GDP用水量必须降低20%（注：万元GDP用水量的含义是指，一个国家或一个省区或一个地区等，每年之中，每万元国民生产的总值所消耗使用的水资源量）。

全国2005年万元GDP用水量为309m³（图1），约为世界平均水平的4倍，是美国等先进国家的8倍；我国2005年万元工业增加值用水量为147m³，工业用水重复利用率约为60%～65%。发达国家万元工业增加值用水量一般在50m³以下，工业用水重复利用率一般在80%～85%。

工业水重复利用和再生利用程度较低，用水工艺比较落后导致用水效率较低。总体来看，中国现状工业用水重复利用率仅相当于先进国家20世纪80年代初的水平，节约用水还存在较大潜力。

"十一五"时期（2006～2010年）节水型社会建设已进入攻坚阶段。期间我国将建设100个全国节水型社会试点，总结和推广一批有代表性的试点经验，带动各地节水型社会建设的开展。

与此同时，"十一五"期间，还将实行用水总量控制和定额管理，初步建立国家水权制度。各流域管理机构要制定流域水量分配

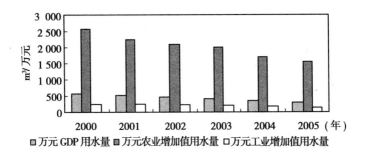

□万元 GDP 用水量　■万元农业增加值用水量　□万元工业增加值用水量

图 1　我国"十五"时期万元 GDP 用水量现状

方案，提出流域内各省区市的取水许可总量控制指标，对流域内用水实行总量控制。各省区市水行政主管部门要将总量指标分解确定到下属各行政区域，建立覆盖流域和省、市、县三级行政区域的取水许可总量控制体系。各省区市要加快用水定额编制，颁布各主要用水行业用水定额标准。各行政区域根据定额、总量控制指标，制定各行业、各部门、各单位用水年度计划，实行行政区域年度用水总量控制。

我国节水型社会的建设还需要建立以水权、水市场理论为基础的水资源管理体制，充分发挥市场在水资源配置中的导向作用，形成以经济手段为主的节水机制，不断提高水资源的利用效率和效益。

我国建设节水型社会关于水价改革的主要受益体现在以下方面：

水价调整：我国的水价包括四部分：水资源费、水利工程费、城市供水价格和污水处理费。随着节水型社会建设的发展，污水处理费、水资源费、水利工程费和城市供水价格将有所上调。通过水价的调整，发挥水价经济杠杆在节水型社会建设中的作用。

3.2 我国的水利工程供水能力与节水建设

我国水利工程实际供水能力达到 6 591 亿 m³，到 2010 年，将新增年供水能力 400 亿 m³ 左右，基本保障经济社会发展对水资源的需求。但是，我国水资源与水环境保护方面还面临着挑战，人多水少，水资源时空分布不均，水土资源与生产力布局不匹配，这是中国的基本水情。

我国把建设节水防污型社会作为解决水资源短缺和水污染问题的根本出路，在 100 多个城市开展试点，推动全社会共同节约和保护水资源，全国用水效率和效益得到明显提高，按 2000 年不变价计算，2006 年全国万元 GDP 用水量 327m³，比 2000 年下降了41.8%，万元工业增加值用水量 177m³，比 2000 年下降了 39.2%，用水增长速度得到有效控制，全国总用水量年均增长不到 1%。

正常年份我国缺水近 400 亿 m³

近年来，我国北方地区水资源量明显减少，其中以黄河、淮河、海河和辽河地区最为显著，资源总量减少了 12%。全国每年有 1 亿～3 亿亩农田受旱，669 座城市中有 400 余座供水不足，在32 个百万人口以上的特大城市中，有 30 个长期受缺水困扰。随着全国用水量持续增长，水资源短缺进一步加剧。

水生态和环境安全也面临威胁，主要表现为水土流失严重、干旱成灾和地下水超采。目前我国水土流失面积 356 万 km²，占国土面积的 37%，每年流失的土壤总量达 50 亿 t。严重的水土流失，导致土地退化、草场沙化、生态恶化，造成河道、湖泊泥沙淤积，加剧了江河下游地区的洪涝灾害。

人多水少，水资源时空分布不均，水土资源与生产力布局不匹配，这是中国的基本水情。近年来，由于全球气候变暖的影响，中国水资源条件发生明显变化，极端水旱灾害事件呈频发与并发趋势。由于长期粗放型经济的增长方式，正处于工业化和城镇化加快阶段的中国，在经济高速增长的同时，也付出了巨大的资源和环境代价,水资源与水环境保护面临严峻的挑战。

一是淡水资源供需矛盾依然突出。按目前的正常需要和不超采地下水,正常年份全国缺水近 400 亿 m^3。

二是饮用水安全形势严峻。全国废污水排放总量不断增长,大量工业废水和生活污水未经处理就排入水体,农业生产中化肥和农药过量使用,污染了水环境。监测评价的湖泊中有一半处于富营养化状态。全国还有 2.8 亿农村人口喝不上符合标准的饮用水,一些城市的饮用水问题比较突出。

三是局部水生态系统失衡。部分地区用水量已远远超过水资源可利用量,一些河流发生间歇性断流或常年断流,河流功能衰减,部分河段功能甚至基本消失;全国已形成 164 个地下水超采区,总面积达到 19 万 km^2,年均地下水超采量超过 100 亿 m^3,部分地区已发生地面沉降、海水倒灌等现象。

重视农业节水问题

我国农业节水有很大的潜力,如果我国农业灌溉水利用率提高 10% ~15%,每年可减少用水量 400 亿~500 亿 m^3;如果能通过品种改良农艺措施、田间灌水技术改良等,使水分生产率也提高 10%,全国总的农业用水量可进一步减少,两方面同时作用,可减少用水量约 600 亿~800 亿 m^3。

具体到各农业大省,农业节水潜力也相当惊人:河南省每年节省农业灌溉用水 17.7 亿 m^3,3 年就能节出一座小浪底水库有效库容;山东省去年农田灌溉用水量减少 24.35 亿 m^3,下降了 14.7%。

为什么农业具有较大的节水潜力?原因就是我国农业是第一用水大户。全国用水总量中,70% 属农业用水,北方高达 80%。过去 20 年间,我国农业节水取得了相当大的成效,但是,我国农业水资源短缺与农业用水浪费严重并存的问题仍十分突出。

一方面是我国平水年年缺水量 358 亿~400 亿 m^3,其中农业缺水 300 亿 m^3。平均每年因旱受灾面积达 3 亿多亩,粮食减产 300 亿 kg 左右。

另一方面是用水浪费较多，一是农业灌溉水利用系数低，水的有效利用率只有45%左右，全国渠道输水损失占整个灌溉用水损失的80%以上；二是农业灌溉定额普遍偏高，多采用传统的大水灌溉，平均每亩用水量450~500m³，过多消耗水量。

目前我国农村水利基础设施尚不完善，约55%的耕地还没有灌排设施，灌溉面积中有1/3以上是中低产田，已建的灌排工程大多修建于20世纪50~60年代，经过几十年的运行，很多工程老化严重、效益衰减。农业用水浪费严重，也意味着农业节水潜力大。

我国的地面灌溉方法约占总灌溉面积的98%，土渠占95%以上，全国2/3的灌溉面积上灌水方法还很粗放，灌溉水利用率低，这是我国节水建设的主战场，也是节水的潜力所在。发展节水农业，必须要建设节水工程，发展节水农业基础设施。

加强水利工程综合能力建设

我国在水资源配置工程建设和节能减排方面已取得显著成效。正在建设的南水北调工程，将从根本上缓解北京、天津等华北地区和西北地区水资源短缺问题和生态环境恶化状况。区域水资源配置工程建设进程加快，水资源区域分布严重不均匀状况将逐步得到改善。

通过加强流域水资源统一调度，黄河已实现了连续8年没有断流；对甘肃省黑河流域、新疆自治区的塔里木河流域实施的综合治理和水资源统一调度，使流域下游地区生态得到了修复；扎龙湿地补水等生态补水工程，拯救了当地生态环境和珍稀动物。

国家实施大型灌区配套与节水改造成效显著。2007年我国很多地区遭受了严重干旱，国家大型灌区的农田灌溉也面临着严峻的考验。但由于近几年的节水改造，灌区提高了水分利用效率，2006年全国大型灌区的粮食共增产近100亿kg。

水利设施老化带来耕地面积减少，这在全国大型灌区普遍存在。针对这些问题，国家几年前开始投资实施节水改造工程。灌区改造主要内容之一就是将不防渗的土渠道漏水最严重的地段改造成

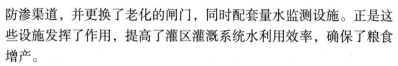

防渗渠道，并更换了老化的闸门，同时配套量水监测设施。正是这些设施发挥了作用，提高了灌区灌溉系统水利用效率，确保了粮食增产。

近几年，中央投入大型灌区节水改造工程的资金达到 70 亿元，占全国耕地面积 1/8 的大型灌区在 2007 年生产出了全国 1/4 的粮食产量，而且目前已经形成了投入 1 元钱每年可节约 1m³ 水、增产 1kg 粮食的长期综合效益。

围绕"十一五"期间的节水目标，我国将重点推进以下几方面的工作：

发展水利靠国家投入的同时，还需要地方配套一些设备、投入一定资金，实现农业节水投入的多层次、多元化。因此，多渠道落实建设资金，是确保水利建设的正常进行的重要基础。

抓紧制定流域水量分配方案，推进水权转换，建立国家水权制度。健全取水许可和水资源有偿使用制度；继续完善以水功能区管理为重点的水资源保护制度，完善水价形成机制，健全节水配套法规体系。最终实现水资源的高效利用和节水农业的可持续发展。

制订流域区域水资源开发利用的控制性指标，对水资源进行优化配置，保证重点缺水地区、生态脆弱地区的用水需求，探索建立生态用水保障和补偿机制。

进一步完善水功能区管理制度和水功能区划，提出分阶段控制方案。加强水功能区监测和信息管理，加强南水北调工程水源区和输水沿线及承担供水任务的大中型水库的水资源保护，继续实施首都水资源保护和塔里木河流域、黑河流域生态环境的综合治理等。

发展节水农业还需要加强立法工作，实现依法管水。目前，除了加快节水型社会的国家级法律、地方性法规体系建设外，更应加强节水法律可操作性，各地根据实际情况，制订适合各自标准的节水法规，从而完善法规体系，保证农业节水依法推进。

"十一五"时期我国农业节水的目标是：灌溉用水总量维持 3 600 亿 m³；新增节水灌溉工程面积 1.59 亿亩；新增粮食生产能

力 250 亿 kg；形成农业节水能力 200 亿 m³；灌溉水利用率由 45% 提高到 50% 左右，正常年份亩均灌溉用水量由 424m³ 下降到 410m³。用水户参与灌溉管理的面积达到有效灌溉面积的 25% 以上。

为实现这一目标，我国全面启动 1998 年以来尚未开工的大型灌区续建配套与节水改造，基本完成 65 处大型灌区和 480 个重点中型灌区的骨干工程节水改造任务；同时，启动水资源短缺地区和粮食主产区 1 万 ~ 5 万亩中型灌区的续建配套与节水改造，用 8 ~ 10 年时间全面解决严重缺水对当地农业生产基本条件和农民生活条件的制约问题。

3.3 供水价格的意义和作用

低水价政策的弊端多

低水价不利于科学用水和节水。水作为商品，水价应与其价值相匹配，它决定人们对水的认识，指导着消费量的多少。

一项对美国居民住宅用水、节水调查表明，通过计量和安装节水装置，每人、每天家庭用水量从 243L 降到 216L，降低了 11%；水价提高一倍，家庭用水量下降 25%。这充分体现了价格作为经济杠杆比计量和安装节水装置起到更明显的节水作用。

我国长期实行的低水价政策给人们的消费提供了误导，使人们忽视了水资源的紧缺和宝贵，致使在实际工作和生活中浪费水的现象非常严重。

有相当一部分企业，由于水价格定得太低，节水投资大大高于水费支出，因此，企业不愿投资节水。我国单位产品的用水量普遍高于国外，如每吨钢取水量 25 ~ 56m³，而美、英等国为 5.5m³。我国每吨啤酒取水量 20 ~ 60m³，美、英等国为 10m³。行业用水的重复利用率，目前我国城市的工业用水重复利用率为 45%，而日本为 73.8%，美国 75%。另外，生活用水浪费严重，特别是机关事业单位集体生活用水，人均日用水量达 300 ~ 500L，大大高于家庭用水量。

我国的水价远低于成本价，供水价格不到位，由于水价低于供水成本，且成本近年来不断上升，使供水部门经济效益不断下降，亏损增加。因此，收取的供水水费收入仅够维持最低运行维护费用，连简单再生产都无法维持，使得水利工程基本上得不到必要的更新改造；失修、失养非常严重。

由于供水收费过低，加上水价之间比价不合理，造成工农业互相争水和城市地下水位持续下降，地下水严重超采，出现大面积地下水漏斗并发生地面沉降，使地下水水质日趋恶化。

低水价政策不利于污水资源化。实现城市污水资源化，既是防治水污染，又是缓解水资源短缺的一条重要途径。例如，经二级处理的污水可达到农田灌溉的标准，其成本为单方水 0.10~0.20 元，比农业用水水价高出很多，因此，污水处理回用难于推广。

低水价政策不利于节水，反而鼓励了浪费水的现象，不利于水行业的生存和发展，降低了水资源的客观经济效益，因此，深化水利工程供水价格改革，实现供水商品化，势在必行。

改革水价充分发挥水价经济杠杆的调节作用

《中共中央关于制定国民经济和社会发展第十个五年计划的建议》提出："要改革水的管理体制，建立合理的水价形成机制，调动全社会节水和防治水污染的积极性"。水费是控制用水量的重要经济杠杆，要建立节水型社会，关键在于水费改革，水利工程水价改革是水费改革的一项重要内容，而水价改革的支点又在于运用水价格杠杆的调节，促进我国节水型社会建设的重要方法之一。

为推进新时期治水思路深入实施，我国发布了《水利工程供水价格管理办法》（以下简称《水价办法》），并已于 2004 年 1 月 1 日起施行。《水价办法》充分发挥了价格杠杆在优化配置水资源中的作用，是对我国前期水价改革试点和初探的经验与成果的总结，也是发展社会主义市场经济，使市场机制对资源配置起基础性作用的必然趋势，更是有助于建立与市场经济相适应的灵活水价调整机制，为建立健康的水市场体系和合理的水价格形成机制，进一步从法律层面上夯实了基础。

在计划经济时代，水利工程供水被看成是取之不尽、用之不竭的自然资源。农业用水基本上实行无偿供水，用水户过分强调水的自然属性而忽视其商品的属性，认为水是"天上掉的，地上流的"，水不值钱，没有节水观念，农业灌溉和工业生产耗水率高，水的利用率较低，水资源浪费严重。水利工程水费实行政府定价，忽略成本与利润，工程管理单位长期亏损，水利工程正常损耗得不到合理补偿，大批已建成的水利工程缺乏必要的运行管理和维修费用，以致工程失修、老化病险加剧、效益衰减，国家既要负担水利建设投资，又要补贴运行管理经费，财政负担过重，影响水利事业的进一步发展。

因此，深化水价改革，建立合理的水价形成机制，已成为新时期水利发展的紧迫任务。

经过30年的改革，我国已初步建立起了社会主义市场经济体系，市场机制对资源配置的基础性作用已得到极大的发挥，市场配置资源的作用主要通过价格调节来实现，水资源是具有社会公益性的特殊商品，优化配置水资源和建设节水型社会，除采取必要的宏观调控手段外，还要采取经济手段，按照市场经济规律，通过水价格杠杆调节水资源的供求关系，引导人们自觉调整用水数量、用水结构，并引导产业结构调整，实现在全社会优化配置水资源建立节水型社会的目的。

《水价办法》正是在这样的背景下应运而生的，它明确了水的商品属性和社会公益性，规定了水价核定的方法原则、超定额累进加价、分类定价、浮动水价以及价格听证等制度，具有很强的可操作性，加速了水管单位从管理者向管理经营者角色的转变，《水价办法》的颁布实施，对建立合理的水价形成机制，规范水利工程水价管理，维护供用水各方的合法权益和正常的价格秩序，优化资源配置，促进供水事业的发展和建立节水型社会，都具有十分重要的现实意义和深远的历史意义。

《水价办法》的核心内容是建立科学合理的水利工程供水价格形成机制和管理体制，促进水市场发育，把价格杠杆运用到水利工程建设与管理上，特别是供水管理中，充分体现了水价格杠杆在水市场中的微观调节作用：

1. 《水价办法》规定了灵活的水价政策，明确了水利工程供水的商品属性，彻底改变了长期以来水利工程水费作为行政事业性收费管理模式，从法规层面将水利工程供水价格纳入了商品范畴进行管理，明确了水利工程供水价格按照补偿成本、合理收益、优质优价、公平负担的原则确定，并根据供水成本、费用及市场供求的变化情况适时调整。这种灵活的调价机制改变了水价一直多年不变的状况，有利于更好地发挥水价格杠杆的调节作用，保障水利工程的正常运营和发展，也改变着水管理的传统观念，按价值规律制定水费政策，使供水者树立卖水观念，用水者树立买水观念，从而促进节约用水。

2. 《水价办法》制定了科学的水价制度，有利于节约用水和水利工程的可持续利用。实行超定额累进加价、丰枯季节水价和季节浮动水价制度，对保护稀缺水资源、抑制用水需求、利用价格杠杆促进节水将起到重要作用。

3. 《水价办法》逐步推行基本水价和计量水价相结合，作为今后水利工程水价改革的方向，将使水利工程最基本的维修养护费用得到有效保障，随着两部制水价的逐步推行，通过水价格杠杆的调节，水利工程和设施带病运行的状况将可得到极大改善。

4. 《水价办法》明确了水利工程还贷价格机制，有利于吸引多元化投资，对利用贷款、债券建设的水利工程的供水价格做了专门规定，明确了水价应使供水经营者在经营期内具备补偿成本、费用和偿还贷款、债券本息的能力，并获得合理利润。这一政策使水价杠杆的调节作用在水利基本设施建设领域中得到发挥，为水利基础设施建设拓宽融资渠道、引入社会资金奠定了基础。

5. 《水价办法》还规定了水价听证、明示制度,从法律程序上保障了水价符合水市场的经济规律,充分发挥优化水资源配置的水价格杠杆作用;充分发挥群众在水价改革实践中的积极性和创造性,在国家政策允许的范围内,引导用水户积极参与供水工程水价的制订与工程运行管理,有利于民办民营水利工程的健康发展,有利于促进小型水利设施产权制度改革和水管体制改革。

超计划用水加价收费

深圳市 2007 年 7 月 1 日实施《深圳市计划用水办法》(简称《办法》)。《办法》确定了单位用户超计划用水、居民生活超定额用水的累进加价收费标准,超出计划、定额部分的水价最高将是基本水价的 6 倍。

根据《办法》,用水户每年的用水计划要进行申请,由市、区水务主管部门备案、核定及管理。单位用户年度计划用水总量根据水量平衡测试确定的合理用水水平系数、用水平均增长率以及最近 3 年年度实际用水总量的平均值确定。单位用户超用水计划的,其超用部分按如下规定予以警示或者加价收费:

超过月度计划用水量在 10% (含 10%)的,由水利主管部门予以警示;超 10% ~20% (含 20%)的,按照其基本水价的 2 倍收费;超 20% ~30% (含 30%)的,按 3 倍收费;超 30% ~40% (含 40%)的,按 4 倍收费;超 40% ~50% (含 50%)的,按 5 倍收费;超 50% 以上的,按 6 倍收费。

以户为单位的居民生活用水超定额部分的加价收费标准为:每月超定额用水在 22 ~30m^3 之间 (均含本数)的,按照基本水价的 1.5 倍收费;超 30m^3 以上的,按照基本水价的 2 倍收费。集体户居民生活用水超定额部分的加价收费标准为:每月超定额用水在 5 ~7m^3 之间 (均含本数)的,按照基本水价的 1.5 倍收费;超 7m^3 以上的,按照基本水价的 2 倍收费。

为减少水资源消耗,促进水资源循环利用,提高用水效益,水利主管部门引导工业、园林绿化、环境卫生、生态景观和洗车等行业使用非传统水资源。园林绿化、环境卫生以及生态景观用水应利用雨水、经处理的污水或者中水，用水单位应当配套建设雨水、中水收集利用设施，逐年减少用水计划；具备雨水、经处理的污水、中水利用条件的市政公园和生态景观，应当优先使用雨水、经处理的污水和中水；不足使用的，方可使用城市供水。单位用户使用的中水、经处理的污水、雨水、海水或者从其他非城市饮用地表水水源中取的水，不纳入用水计划管理，免收该部分污水处理费。

西安市水价实现三步走

按照西安市政府批准的 5 年水价改革方案及陕西省政府要求的"三年三步走"规划实施的要求，从 2007 年 4 月 1 日起西安市将对自来水价格做出调整。具体为自来水由每立方米 2.91 元调整为 3.55 元，提高 0.64 元，提高幅度 22%。

自来水用户平均负担额调整后，各类自来水用户最终负担额也做相应调整。其中：居民生活用水每立方米由 2.45 元调至 2.90元，提高 0.45 元，调价幅度为 18%；

工业用水每立方米由 2.90 元调至 3.45 元，提高 0.55 元，调价幅度为 19%；

行政事业用水每立方米由 3.25 元调至 3.85 元，提高 0.60 元，调价幅度为 18%；

经营服务用水每立方米由 3.65 元调至 4.30 元，提高 0.65 元，提高幅度 18%；

特种行业用水每立方米由 14 元调至 17 元，提高 3 元，提价幅度 21%。

此次第三步水价改革完成后，西安市自来水水资源费标准达到每立方米 0.30 元，自备井水资源费标准也有所提高。调整后，每年可为政府筹集水资源建设及保护资金 8 200 万元，推进重点水资源的有效保护、开发和合理利用。

新疆制定农业水价改革规划

新疆地方系统农业供水价格截至 2007 年平均 32.12 厘/m³，仅达到 2005 年供水成本 69.03 厘/m³ 的 45%。许多地州已有 8 年时间没有进行水价调整，个别地州已有十几年没有调整水价。水价长期不到位，严重制约着水利工程良性运行，难以体现水价在农业节水灌溉中的经济调节和杠杆作用，难以调动灌区用水户节水、珍惜水的积极性。因此，随着农业经济结构调整，节水灌溉工程规模的扩大以及国家对粮食等作物实施的鼓励政策等新情况，必须加快水价改革步伐。

1. 加大水价改革力度。到 2010 年，新疆地方系统骨干工程农业水价平均达到 2005 年供水成本的 70%，非农业用水价格达到 2005 年供水成本的 100%；到 2015 年，骨干工程农业水价平均达到 2005 年供水成本的 100%，非农业用水价格达到 2010 年供水成本的 100%。到 2010 年，新疆 13 个地（州、市）均出台末级水价改革文件，实现从水源到农户地头的一线通的终端水价。

2. 逐步建立合理的水价形成机制和有效的水费计收方式。

第一要修订和完善水价法规和政策。根据全区水资源不足及水污染严重的现实，着力完善水价的确定原则。明确水价是由资源水价、工程水价和环境水价三部分组成，围绕水价的 3 个组成部分制订和完善水价的法规和政策。

第二要完善水价的确定程序，充分体现用水户参与管理的原则。在水价的确定过程中，充分听取供水单位、用水户及有关方面的意见，完善听证会制度。

第三调整水价的决策机制。现行的供水价格属于政府定价，目前主要采用行政审批方式。随着水价改革的不断深化，水价的确定要逐步走上政府宏观调控、涉及各方民主协商、水市场调节三者有机结合的路子。根据水价改革的进展情况及经济发展状况，初步建立合理的水价形成机制。

3.4 认识和关注我国的农业节水与农田水利

正确认识农业节水

我国是一个农业大国，水资源的有效利用和节水灌溉、粮食的生产与安全等问题，是节水型社会建设的重要内容。对于农业节水问题我们需要有一个正确的理解，不能片面地将农业节水理解为"减少或限制灌溉用水"。农业节水是在保障农民和农业正常用水的前提下，科学分配与使用水资源，而不是简单地减少用水量，否则节水效果会适得其反。

农业节水是个相对的概念，既包含"节水"，也包含"增效"，根本目的是解决发展问题。在时间、空间上合理地分配与使用好有限的水资源，用最少的水资源量获取最大的经济效益、社会效益和生态效益。

目前，我国一些地区为了节水，片面地减少农田或人们正常用水量，为用水限制定额。这是一种误解，当然，对于一个地区在旱情大和供水量十分紧缺的情况下，采取特定限水供应，可能一时满足不了作物的用水需求，这是一种非常情形的做法。随着人口增加和社会发展，人们对水的需求量会不断增加。因此，节水关键要减少水的浪费，提高节水技术，合理调配和利用水资源，提高农业综合生产能力，促进农业增效和农民增收。近年来，尽管全国农业用水所占比重明显下降，但农业仍是我国第一用水大户，农业用水状况直接关系国家水资源安全和国计民生的问题。农业用水不仅比重大，而且节水潜力大。全国地面灌溉约占总灌溉面积的98%，全国2/3的灌溉面积灌水方法十分粗放，灌溉水利用率低，是当前我国节水的主战场，也是节水的潜力所在。

我国的农田水利与灌溉技术

1. 学科领域扩大，应用研究深入

农田水利学科围绕着现代农业的发展，不断向节水、高效、环保的领域扩展，作物高效用水生理调控、作物水分信息采集与精量控制用水、劣质水高效安全应用等成为新时期农田水利学科研究的热点。

基础理论研究由单纯的土壤水分调控研究，转向"土壤—植物—大气"连续体水分运移规律的研究，而且把水分运移规律与养分、水热、化学物质运移结合起来进行研究，为提高水分养分利用效率提供了理论基础。

重视局部灌溉和不同农业耕作条件下的水分、养分运移规律的研究，进行沟垄、带状种植、地膜覆盖、秸秆覆盖、滴灌、地下滴渗灌等多种农田灌溉条件下的土壤水分、水热、水肥及作物光合作用规律的研究，取得了新的成果。这些都为发展农业节水，把该领域的研究由试验统计性质转变为具有较严谨理论体系和科学定量方法奠定了良好基础。

在研究农田大气水、地表水、地下水、土壤水、植物水，即"五水"的转化关系和农田作物蒸发蒸腾量与流域蒸散发量计算的同时，突出了以节水高效为目标的土壤水调节模型和各环节水量转化效率的原理与方法研究。

研究农田作物用水的非充分灌溉理论进一步丰富；由研究单点的作物水分生产函数转向研究区域范围内的作物水分生产函数及其水分敏感指数的时空分布；从传统地研究水稻、小麦、玉米等大田作物的水分生产函数转向研究经济作物水分生产函数；特别是把作物不同阶段水分敏感性与根系生长、叶面气孔效应、蒸腾速率、光合速率、光合产物的分配联系起来进行研究，探索作物的适度缺水效应，为农业节水奠定了理论基础；确立了主要作物经济灌溉定额、节水高效灌溉制度以及适宜的调亏时期、调亏指标。

2. 研发节水新材料、新设备

近些年来我国在农田节水灌溉的新材料和设备的研究开发和应用方面，取得了不少新成果，为农业灌溉发展提供了基础条件。研制的节水节能灌溉新设备主要有：新型金属快速接头、地面移动铝合金管道系统设备、田间闸管系统设备、调压给水栓、竖管万向座、恒压喷灌设备、绞盘式喷灌机、折射式微喷头、旋转式微喷头、微灌用压力—流量调节器、微喷连接件、水动式施肥泵、水动反冲洗沙过滤器、滴灌用的迷宫式滴头、毛管移动机具、滴灌设计CAD系统、地下滴灌专用滴头、波涌灌设备、U型防渗渠道施工机械、SYZW-1智能型量水仪、WIS-2智能型量水仪、长喉槽量水槽等节水新设备，其中一些产品实现产业化。

微喷灌设备的研制，改变产品结构、实现优化设计、采用新材料、改进加工工艺、提高使用寿命，提高了整体性能和成品率，降低了造价。

3. 节水新技术发展迅速

（1）农用水资源合理开发技术。井灌区地下水采集与补给平衡水资源高效利用综合技术；井渠结合灌区采取干支渠防渗衬砌，加大向下游输水能力，减少渗漏损失；水库灌区建立了流域水资源优化调度数学模型，根据径流来水量预测蓄水工程的调蓄能力，对灌区水资源进行合理配置，并优化调度，有效提高供水保证率；雨水汇集及坡地径流资源化综合小流域水资源综合调配、人工集水场建设及水土保持工程水资源利用等技术，形成了雨水汇集、引导、储存、合理利用的坡地径流资源化综合技术措施。

（2）输配水节水工程技术。采用混凝土与复合土工膜相结合的板膜复合结构形式，基本解决了不受地下水影响的渠道渗漏冻胀问题。选用焦油塑料胶泥条和遇水膨胀橡胶止水条作为预制衬砌渠道伸缩缝材料，采用填缝材料的冷嵌法施工技术，解决了接缝渗漏问题。

配水技术以及作物的墒情监测和灌溉实时预报技术方面有了较大改进；提出北方多泥沙U型渠道量水技术体系，解决了渠灌区的斗分渠难以布设量水建筑物的问题。

（3）田间节水灌溉工程技术。

高含沙水滴灌技术。采用工程技术措施与过滤系统相结合，结合抗堵塞性能强的平面迷宫式滴头和相应的大田粮食作物滴灌制度

及运行管理技术，形成高含沙水滴灌技术体系。

膜下滴灌技术。综合滴灌技术和覆膜技术优点，将水、肥、农药等通过滴灌带直接作用于作物根系，加上地膜覆盖，棵间蒸发甚微，利于作物的生长发育，大田使用后，较常规灌溉省水50%左右，省肥20%，省农药10%，增产10%～20%，增加综合经济效益40%以上。

地面灌溉技术。提出激光平地技术与常规机械平地相结合的组合平地技术模式，以及水平畦田灌溉系统的设计方法、灌水设计参数及相应的田间工程布局模式。

田间灌溉自动化技术。智能式全自动喷灌系统、电子自控配水系统—新型智能IC卡控制阀、无人值守的全自动化灌溉技术、远程自动化灌溉控制技术、井群无线自动控制设备以及变频调节技术在节水灌溉中得以应用。

此外，在农田作物节水高效灌溉制度方面，在节水灌溉与农业综合技术方面，提出了不同节水灌溉条件下的水肥耦合及调配施肥技术，间套作格式、耕作措施的优化与改进技术，农田覆盖及配套灌水、施肥技术，间套种植下不同灌水方式结合应用技术等。

4. 农田生态保护、区域中低产田治理

以西部内陆河流域区农田生态保护为主要目标开展的"新疆叶尔羌河平原绿洲四水转化关系研究"和"塔里木河干流整治及生态环境保护研究"开创了在内陆干旱区从水资源转化角度出发，以土壤水为中心研究水资源合理利用的先例，建立了不同层次的水资源平衡分析概念模型，包括平原绿洲总体水均衡或绿洲耗水模型、地下水均衡模型、农区—非农区水均衡模型、四水转化模型，把水资源开发利用与生态平衡和环境保护紧密结合，对于新疆内陆干旱区与类似地区的水资源转化消耗分析和水资源配置利用规划，具有重要的指导意义和参考应用价值。

以区域中低产田治理为主要内容的"黄淮海平原持续高效农业综合技术研究"，针对该区域中低产田水资源不足、农田肥力

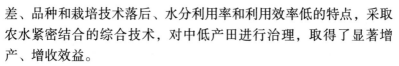

差、品种和栽培技术落后、水分利用率和利用效率低的特点，采取农水紧密结合的综合技术，对中低产田进行治理，取得了显著增产、增收效益。

国家攻关项目"农业涝渍灾害防御技术研究"，针对农田排水工程建设中的关键技术，对涝渍兼治连续控制的动态排水指标、涝渍兼治的组合排水工程形式及其设计计算方法进行了深入研究，突破了以往涝渍分治的传统做法，针对实际存在的涝渍灾害特点，在国内外率先提出了涝渍兼治的连续控制的综合治理思路，建立了作物产量与涝渍综合排水指标的关系模型，提出了以经济效益最大为目标，确定涝渍兼治综合排水标准的新方法和除涝治渍相结合的排水设计新方法。

农田水利科学技术展望

"十五"期间，我国对农业节水现状进行了广泛调查，对《农业节水的战略地位》、《农业用水与农业节水现状》、《21世纪初农业节水的目标与任务》、《农业节水的对策措施》、《国外农业节水发展的现状与启示》等5个专题进行了深入研究。在多次研讨和广泛征求有关部门和专家意见的基础上，完成了《全国农业节水发展纲要》。同时，完成了《全国节水灌溉发展规划》、《全国灌溉发展规划》、《全国灌溉用水定额》、《21世纪初中国农村水利发展战略》、《大型灌区节水改造策略》等方面的研究也取得阶段性成果，为国家发展农业节水提供了可靠的决策依据。

21世纪初期，我国农田水利科学技术重点发展的领域有以下几方面：

1. 作物节水高效灌溉制度

作物节水高效灌溉制度是以最少的灌溉水资源投入，获取最大效益而制订的灌溉方案，包括农作物播种前及全生育期内的灌水次数、灌水时间、灌溉定额。在灌区开展不同作物、不同生长条件下的耗水量研究。制订灌区在不同的供水、气象、农艺、管理等条件下的节水高效灌溉用水方案，采用现代化手段进行灌区实时灌溉预报，指导农民进行灌溉。

2. 地表水与地下水联合运用

在引河水灌区运用井渠结合灌溉，是抗旱、防涝、治碱、节水、减淤等综合开发利用河水和当地水资源的有效措施。对这类灌区可利用的水资源进行优化配置和高效利用，是灌区节水技术改造研究的重要内容。

3. 再生水灌溉高效安全利用

污水、废水的水质处理是再生水灌溉高效安全利用的基础。对再生水灌溉高效安全利用技术的研究重点放在保证灌溉对作物和环境的安全性方面。制订再生水灌溉的安全评价及控制指标体系，研究再生水灌溉制度、施肥方式及灌溉模式以及灌溉后作物和农田残留物的快速测定技术和方法。

4. 农业节水设备产品及材料

考虑到我国农村劳动力向城镇转移，农业生产向高效集约化经营发展的趋势，节省劳力、生产效率高、自动化程度高的节水灌溉机具是今后研究、开发和产业化的重点。如机械移管的喷灌机具，地下滴灌设备，大、中、小型的渠道防渗衬砌机具，农田精细平地、开沟、打畦机具，各种自动阀门以及灌溉自动化控制设备等。

5. 农田水利应用基础研究

土壤水与作物关系问题的研究是农田水利研究的基础，今后的研究应从均质走向非均质，从点的研究走向面的研究，从理论研究推进到应用研究。加强灌排自动化、GIS、GPS、RS、水情自动测报系统等技术的应用研究；在排水控制涝渍和盐碱化治理方面，继续对明沟排水、竖井排水、二元结构水文地质条件下的竖井排水、暗管排水、辐射井排水等开展研究，分析节水灌溉技术的不同尺度影响，地理信息系统在节水评价中的应用等问题。

我国的旱作农业节水技术

非灌溉农业也就是非灌溉旱作农业，它是在水资源严重短缺条件下，通过旱地农业结构和一系列旱作技术措施，不断提高地力和对天然降水的有效利用率，靠充分利用天然降水实现农业稳产和平衡增产，使农、林、牧等综合发展的农业。具体而言是指在年降水量 250～800mm 之间的地区，不靠灌溉而采用一系列抗旱农业技术进行农、林、牧的农业生产。

目前我国非灌溉旱作农业仅次于灌溉农业，是我国现代农业的重要组成部分。从目前和今后我国水资源严重短缺，对农业及灌溉用水压缩限量供水的客观条件看，非灌溉旱作农业在我国永远不可能被灌溉农业所替代，而是灌溉农业和非灌溉农业并存，相辅相成，缺一不可。我国非灌溉旱作农业技术体系由以下构成：

1. 旱地环境控制技术体系；

2. 以生物机能提高环境水资源利用效率技术体系；

3. 土壤培肥技术体系；

4. 试验与推广适用于旱作农业的新技术体系；

5. 旱地水资源管理技术体系；

6. 农村能源建设技术体系。

目前可应用推广的旱作农业节水技术主要有：

旱地农田基本建设技术：农林牧渔业统一规划，山、水、田、林、路合理布局；平整土地，修水平梯田，把跑水、跑肥、跑土的"三跑田"变成"三保田"等。

旱地农田土壤抗旱耕作技术：季节适时耕作，坡耕地集水耕作技术，少耕、免耕法等。

水土保持技术：工程措施：打坝、筑农田地埂；退耕还林还草，扩大地表植被。

旱地草田轮作与休闲作物种植技术：调整作物结构，采用抗旱性强的作物，避免重茬与合理轮作，草田轮作与休闲轮作等。

改进施肥方法与培肥地力技术：熟施农家肥、增施绿肥与无机肥相结合，种植绿肥作物，科学配方施肥。

选育耐旱作物良种：如谷子良种、小麦良种、玉米良种、高粱良种等。

抗旱播种法：旱籽早播，抢墒播种，丰产坑和丰产沟播种等。

地面覆盖栽培技术：砂砾覆盖，秸秆覆盖，残茬覆盖，绿色覆盖，化学覆盖（用土面增湿剂、保墒增湿剂等）。

化学保水剂与抗旱剂、除草剂技术：施用抑制水分蒸发剂，保水剂（吸水剂），土壤增温、保温剂，抑制植物蒸腾剂，旱地抗旱剂，除草剂等。

在我国有一定天然降水条件的旱作农业地区，还应尽可能创造水源条件，使非灌溉旱作农业生产尽可能应用节水灌溉技术，使非灌溉旱作农业生产更具有稳产、高产、增收的条件。

我国非灌溉旱作农业及其成套节水技术在今后10年将会获得更大面积的发展，其技术水平将会上一个新台阶。农业节水灌溉技术与非灌溉旱作农业节水技术两者有机结合，必将使我国的"两高一优"现代化农业得到更大的发展。

新疆大面积应用膜下滴灌节水技术

膜下滴灌是新疆农业节水的改进和创造，是在膜下应用滴灌技术，是一种结合滴灌技术和国内覆膜技术优点的新型节水技术。水、肥、农药等通过滴灌带直接作用于作物根系，加上地膜覆盖，棵间蒸发甚微，十分利于作物的生长发育，大田使用后，较常规灌溉省水50%左右，省肥20%，省农药10%，增产10%～20%，增加综合经济效益40%以上。膜下滴灌带动了宽膜植棉技术的跟进，由精准灌溉带来的精准施肥、精准用药，也包括正在推广的机械化精准采摘，促进农业栽培模式的改变和农业劳动者整体科技素质的提高，符合现代农业对机械化、信息化、智能化的要求。

滴灌技术与覆膜技术的有机结合，突破了滴灌技术不进大田的禁区，是我国农业节水灌溉史上的一个创造。膜下滴灌技术的推广，改变了我国传统的农业用水方式，大幅度提高我国水资源的利用率。膜下滴灌的节水技术在我国最干旱地区之一的新疆推广应用1 000多万亩，为我国农田采用滴灌节水技术规模之最。

水权管理与节水

水权、水市场、水权制度是水权管理的主要内容，水权是指水资源的所有权以及从所有权中分设出的用水权益。水资源的所有权是对水资源占有、使用、收益和处置的权力，所有权具有全面性、整体性和恒久性的特点；水市场就是通过出售水、买卖水、利用水价经济杠杆推动和促进水资源优化配置的交易场所。在水的使用权确定以后，对水权进行交易和转让，就形成了水市场。水权的转让促使水的利用从低效益向高效益的经济利益转化，提高水的利用效益和效率。由于水的特殊性，目前水市场还是一个准市场；水权制度就是通过明晰水权，建立对水资源所有、使用、收益和处置的权利，形成一种与市场经济体制相适应的水资源权属管理制度，这种制度就是水权制度。

水权明晰是指通过水权分配和制订用水定额，落实各行各业、各个流域及用水户的用水指标，建立用水总量控制与定额管理相结合的管理制度。水权明晰的核心是确定用水户用水量、用水的使用权和支配权。

我国地广、人多、水少，用水量日益增加，把水权管理应用到节水方面，将经济发展所用的水推向市场，用市场经济手段管理水资源是当前十分紧迫的任务，水市场在我国具有广阔的前景。

近年来我国一些地区发生了水权转让，促进了水资源的优化配置，引起了社会各界高度关注。目前水权转让还处于探索与实践的阶段，在鼓励各地大胆试点的同时，需要完善相关政策，促进水权转让的规范进行。

相关连接——水权管理与实践

1. 浙江省东阳市与义乌市水权转让

2000 年 11 月，浙江省东阳市和义乌市签定了有偿转让横锦水库部分用水权的协议，引起了广泛的社会反响，被称之为"中国水权转让实践的可喜的尝试"。

东阳市和义乌市均隶属于浙江省金华市，两市相邻，同在钱塘江支流金华江，处于上下游的相对位置。东阳市的水资源相对丰富，可供水潜力较大。而义乌市多年平均的水资源量相对紧缺，现有供水能力严重不足，区域水资源相对缺乏，需要开辟新的水源，以满足城市发展用水需求增长。在这样的情况下，如果义乌市自己开发建设水库，不仅水源没有保证，而且单方水的投资很高。

东阳市和义乌市，根据"资源共享、优势互补、共同发展"的思路，经过充分论证和协商，双方于2000年11月24日签订了有偿转让横锦水库部分用水权的协议。义乌市用2亿元资金购买东阳横锦水库5 000万 m³ 水资源使用权，转让后水库原所有权不变，水库运行、水利工程的维护仍由东阳负责，通水后义乌市根据当年实际供水量按0.1元/m³ 支付引用水水费。

2. 余姚市与慈溪市用水权转让

余姚市地处浙江东部的宁绍平原中部，面积1 527km²，人口83万。全市多年平均降水量1 547.1mm，水资源总量为11.3亿 m³，水资源相对比较丰富。

慈溪市位于杭州湾南岸，西部和西南与余姚市接壤，总面积1 717.6km²，总人口100多万。该市水资源相对缺乏，每年缺水2 000万~4 000万 m³。水资源日益紧缺，成为慈溪市经济社会发展的制约因素。

余姚和慈溪两市以"资源共享、互通有无、优化配置、共同得益"为指导思想。经过双方民主协商，于1998年7月28日达成转让水源的协议：余姚市从梁辉水库向慈溪市供水，供水期15年。前3年每年供水1 000万 m³，后12年每年供水2 000万 m³。输水管道由慈溪市铺设。为保障供水，开挖12km引水隧道工程，从余姚市陆埠水库向梁辉水库补水。慈溪市向余姚市提供15年无息借款2 000万元。水价为0.48元/m³，加上无息借款的利息之后，实际供水价格 0.538 元/m³。余姚市向慈溪市用水权转让于 2001 年 7 月 1 日正式实施，取得了明显的经济效益和社会效益。

3. 张掖市农业用水水权改革

张掖市属传统农业灌溉经济区，农业用水总量大、比例高，因此，张掖市水权改革主要侧重在农业用水方面。在农业用水管理中的具体做法是"总量控制，定额管理，以水定地，配水到户，公众参与，水量交易，水票流转，城乡一体"。

实施中，将用水总量指标量化，逐级分配到各县区、各乡镇、各村社，并层层实行总量控制。制订生活、工业、农业、生态等各行业的用水定额和基本计量水价。以定额核定用水总量，总量不足调整结构，确保总量控制指标。村级农民用水者协会根据确定的水权面积，将分配到本级的用水总量指标进行分解，民主分配给每一用水户，落实到地亩，具体到每一灌溉轮次。核发用水户水权证以后，对水权内的配水实行水票制，由用水户持有水权证向水管单位购买每灌溉轮次水量，水管单位凭票供水。

由于水权明确、配水到户，用水户可根据需要精心合理地安排自己的用水。有的用水户因有撂荒地或种植面积减小，水量有了盈余；有的用水户因种植结构调整搞得好，节约出一些水；有的用水户却用水紧张，水量不足。水量富余户、节水户、用水紧张户之间就自然地产生了水的买卖和交易。

4. 漳河流域通过有偿调水解决上下游争水问题

漳河发源于山西省，流经山西、河北、河南三省交界处，包括山西省平顺县，河北省涉县、磁县，河南省林州市、安阳县，是全国水事纠纷多发地区之一。多年来上下游争水、两岸争水、争滩地纠纷不断。

为此，漳河上游管理局与长治市水利局签订了调水协议书，分别与林州市、安阳县、涉县签订有偿供水合同。2001

年 6 月，通过长治市境内 5 座水库联合调度，利用汛限水位以上的水量，向河北、河南两省沿河村庄和灌区按 0.025 元/m³ 价格供水 3 000 余万 m³。调水解决了沿河村庄和林州市、安阳县 30 余万亩耕地播种期灌溉用水，解决了几十万人的用水困难；有效地缓解了水资源的供需矛盾，解决了地区之间长期存在的水事纠纷。

水权管理与实践有效地促进当地水资源优化配置，促进了节水，实现了经济上多赢，为探索解决水事纠纷提供了新的思路。

由于不同地区、不同用水行业的用水量和用水效率不同，同一地区、同一用水行业内部不同用户的用水效率不同，各类用水之间、同类用水的不同用户之间，用水效益是不同的；同时，随着用水效率的改变，各个用水户的用水量也在动态变化着。如果在节水的基础上促进水资源从低效益的用途向高效益的用途转移，就能够提高水资源的利用效率和效益，促进水资源优化配置。在我国社会主义市场经济体制的不断完善、经济社会发展和水资源短缺的大背景下，水权转让的出现具有内在必然性。实践中也取得很好的效果。水权转让中存在的问题，主要是政策法规不配套、基础工作不扎实。水权转让带来的效益，即在总取水量不变的情况满足经济社会发展和人民生活对水资源的需求、提高了用水效率和效益，却是不争的事实。各国实践证明，水市场在缺水地区才更有意义。在水资源充足前提下，人们可以通过开发新水源满足需求；缺乏新水源时，通过水市场重新配置现有的供给是一个有效的解决办法。我国水资源短缺为水权交易提供了最基本的前提条件。我国经济发展进入产业结构的快速调整期，各产业发展速度和规模不同，未来用水量与现状用水量会发生较大变化，为开展水权交易提供了广阔空间。为了发挥水市场配置水资源的作用，促进水资源高效利用，适应全面建设小康社会与建成完善的社会主义市场经济体制的要求，尽快建立与我国国情和水情相适应的水权制度，适时推进水权交易。

蓄流分离式灌溉成为中国水博会一大亮点

2006中国水博览会于4月27～28日在北京的全国农业展览馆隆重开幕。水博会是为全球涉水企业在中国进行市场推广而提供的专业化、国际化的商务平台。其展品范围涵盖涉水工业的所有技术和产品。通过举办水博览会，展示产品，交流技术，普及知识，促进国内外在水资源领域的合作与交流，将对我国乃至世界水利事业发展起到积极的推动作用。

本届水博览会的主题是饮水安全·人水和谐。

新疆水利厅组团参加了此次盛会，农业灌溉新方法——蓄流分离式灌溉引起我国节水灌溉领域的关注，得到了业界专家学者的肯定，参展会上引人驻足，成为一大亮点。

中国水利报对该项新技术进行了报道：在2006年中国节水用水先进技术设备展上，新疆展区的一种节水技术引人驻足，这就是果树蓄流分离灌溉技术。简单、实用、效果好，是该项技术的亮点所在。

新疆科技人员针对当地干旱少雨、多风高温、蒸发强烈等环境特性，从灌溉理论、灌溉方法和技术设施等方面，研究出这种用于果树园艺类作物节水的蓄流灌溉技术。该灌溉理念是将供水与作物灌溉视为相互独立不同步运行的两个单元；将灌溉系统供水与田间灌溉两者分离出来，即通过供水系统将作物所需水量一次性输送到作物根部的蓄流灌水器之中，而果树灌溉用水来源于灌水器中的水自行释放完成灌溉。这种灌溉方法具有节水增产、节能降耗、定额用水、提升水温等综合效应。研究成果通过省级鉴定，为国内首创，部分成果为国内领先水平。

新疆推行"供水到户"年均节水7亿多 m^3

"十五"期间新疆开始实施农业节水管理的"供水到户"制度

研究，历时 5 年完成了项目研究和成果推广工作。"供水到户"管理的核心是灌区配水、量水、建账、收费四到户和水量、水价、水费三公开及张榜公开一监督。"供水到户"的推行，杜绝了水费乱搭车现象，减轻了农民负担，提高了水费使用透明度，农民的水费支出明显减少。打破了灌区长期以来乡村用水吃大锅饭的陋习，有效地调动了农民节水的积极性，促进了水价改革，调动农民参与灌溉管理的积极性，促进了灌区节水观念的形成，被新疆广大农民誉为"得民心工程"。现已推广面积 190 万 hm²，占 2000 年灌溉面积的 85% 以上；累计节水量 36.94 亿 m³，年均节水 7.39 亿 m³，灌区农民亩均节省水费支出 5.2 元，人均节省 19.4 元，累积节省水费支出达 4 亿元；灌区受益农民 759.85 万人；斗渠以下灌溉工程维修改造 2.1 万 km，灌溉工程运行能力提高了 51%，量水设施配套 4.27 万套，配套能力提高了 53%，为实施定额供水、按方收费奠定了基础；灌区自筹累计投入 2.25 亿元，年均 0.45 亿元，极大地增强了灌区灌溉工程运行能力；受益灌区粮、棉累计增产 71 万 t，创产值 24.45 亿元，灌区年人均创产值 64.4 元。

2007 年 10 月研究成果通过了自治区科技厅组织的科技成果鉴定。该成果改进和完善了新疆农业灌区的管理体制和运行机制，对于新疆水资源可持续利用和灌区水管理具有重要的应用价值。项目从调研试点、政策理论与行为管理、管理技术与配套、政府宏观决策管理、灌区灌溉管理新技术与示范、推广应用与项目执行、后评价分析、灌区发展方向等多个层面进行了研究与实践，整体研究具有重大创新，研究成果在新疆各地灌区进行了广泛应用，是新疆"十五"农业节水管理研究的重要成果，已产生了显著的经济效益和社会效益。

集雨节水灌溉工程

雨水集蓄工程是指在干旱、半干旱及其他缺水地区，将规划区内及周围的降雨进行汇集、存储，以便作为该地区水源加以有效利用的一种微型水利工程。它具有投资小、见效快、适合家庭经济等特点。集雨节灌系统一般由集流设施、净化设施、存储设施、提取设施和节灌设施五部分组成。

集雨节灌的工程模式和技术方法呈现灵活多样的特点。集流面形式有自然坡面、路面、人工集雨场，其中西南地区主要依靠天然集流，北方地区采用人工集流场和天然集流场与人工拦截措施相结合；蓄水工程形式北方地区以水窖、旱井为主，南方地区以水池、水窖、塘坝为主；节水灌溉的方法有坐水种、点浇、输水管道灌溉、滴灌、渗灌、喷灌及精细地面灌等。普遍采用了地膜覆盖及其他综合农业技术措施，有些地区还开始发展设施种植、养殖业。

农民参与灌溉用水管理好

"农民用水户协会"组织，已成为我国农民参与灌区灌溉用水管理的重要形式，这种由农民自己参与用水管理组织在农业节水灌溉和灌区灌溉工程的维护运行管理等方面发挥了明显的效果。

1. 调动了农民积极性

实行用水户参与灌溉管理，将灌区斗渠以下的末级灌溉工程的所有权、使用权、管理权和用水的决策权交给农民，让他们独立、民主地选举协会领导人，在管理、建设、财务上享有高度的知情权和参与权，调动了农民"自己事自己办、自己工程自己管"的积极性，保障了工程的效益发挥。

2. 为农民增收减负

实行用水户参与管理后，使灌溉用水的供需双方直接见面，采用合同制形式，保护了供用水双方的利益，明确了各自责任，建立了透明的水费收缴渠道，避免了过去灌溉用水水费收缴层次多、收缴不规范、搭车、代收、克扣等现象，使农民用上"明白水"，交了"放心钱"，农民负担减轻。由于用水透明，促进了农民节约用水、精耕细作、结构调整，收到了节支增收的效果。

3. 促进农业节水

长期以来，我国广大农村喝的是"大锅水"，"福利水"，一方面水资源十分紧缺；另一方面却用水无节制，大水漫灌水资源浪费严重。实行用水户参与灌溉管理后，通过农民用水户协会落实水费计收制度，农民多用水就得多交钱，促进了灌区广大用水农户的节约用水意识。同时，广大农民自觉采取平田整地等多种节水措施，努力降低灌水定额，节约水资源。

4. 规范用水秩序

用水户参与灌溉管理后，由于灌溉用水管理公正、民主、透明，灌水秩序规范，许多过去用水过程中产生的矛盾在协会内部就得到解决，避免了矛盾的激化，减少了用水纠纷，不仅农民满意，而且地方政府、水利部门和灌区管理单位也满意，使他们从繁重的解决用水纠纷的事务中解脱出来，更好地为农业生产供水服务。

5. 为"一事一议"提供载体

实行用水户参与灌溉管理，明确了政府、灌区和农户的责、权、利，落实了分级办水利的原则，政府主要责任是落实斗渠以上的建设投入和水资源管理，灌区主体任务是加强内部运行管理和骨干工程建设管理，农民则负责斗渠以下田间工程的整治维护和管理。农村实行税费改革、取消"两工"后，用水户协会作为"一事一议"的重要载体之一，可以督促水费收缴，监督公平用水和节约用水，调解水事矛盾，加强与政府和灌区管理单位的沟通。

国家灌溉排水委员会

国家灌溉排水委员会，宗旨是促进中外灌排专家和科学家交流有关技术信息和经验；加强国家及区域之间的理解和合作；加速灌溉和排水领域的科学技术进步；促进中国和世界灌溉排水事业的发展。

国家灌溉排水委员会在水利部和中国水利学会领导下开展工作，主要活动包括参加国际灌排委员会主办的各项活动（包括国际灌溉排水大会、执行理事会和其他业务会议），以会员制的形式组织有关单位和个人参加中国国家灌溉排水委员会的活动，定期举办会议（每两年召开一次）和印发、传播国际灌溉排水委员会有关信息，组织科学试验研究和科学考察，通过发表文章、出版刊物、报告和文件传播先进灌溉排水技术和知识，对技术政策的制订和工程建设提供咨询服务，同国际组织或国家开展合作等。中国灌溉排水国家委员会也是中国水利学会农田水利专业委员会的对外代表组织。

国家灌溉排水委员会成立于 1980 年，由原水利电力部负责人员、中国水利学会和其他有关科技组织的代表组成。执行机构是主席团，主席由水利部主管灌溉排水的司长担任，副主席和秘书长由主席提名产生，主席团成员包括主席 1 人，副主席 4～6 人，秘书长 1 人，副秘书长 3～5 人。主席和副主席任期四年，可以连任，秘书长和副秘书长的连任不受限制。

国家灌排委员会主席团的职权是：制订和修改本会章程；聘请本会的名誉主席和名誉副主席；审议并确定本会的重大活动事项；审议本会秘书处的工作报告和财务报告。

国家灌排委员会主席团至少每半年召开一次会议；情况特殊时也可采用通讯形式召开。

国家灌排委员会主席可行使下列职权：①召集和主持主席团会议；②检查主席团会议决议的落实情况；③代表本会签署有关重要文件；④负责处理有关本会的重大事务。

国家灌溉排水委员会的办事机构为秘书处，设在中国水利水电科学研究院，秘书处在主席团领导下工作，日常工作由秘书长主持。

4 人水和谐 科学发展的新理念

4.1 尊重自然规律，人与水需要和谐相处

河流是人类生存的母亲，累了需要休息

河流是人类生存的母亲，河流与人一样累了需要休养生息。

让河流休养生息，就是通过人文关怀，促进人水和谐，恢复河流山清水秀的自然面貌，恢复生态系统的良性循环，保障经济社会可持续发展；这是正确处理水资源开发利用和环境保护的关系，把水资源承载能力、水环境容量作为确定经济社会发展规模和速度的基础和前提，把加强环境保护作为优化经济增长的重要手段，将环保规划作为经济社会发展的基础性、约束性、指导性规划，做到城市规划、土地规划、区域经济布局、产业结构调整、主动与环保规划、生态功能区规划衔接，真正体现环境优先。

让河流休养生息，首要任务是保障人民群众的饮水用水安全。把饮用水源保护切实抓紧抓好，打击危害饮用水源地环境安全的违法行为，严防有毒有害物质进入水体。统筹流域水资源开发利用和保护工作，优先保证生活用水，合理安排生产用水，切实保证必要的生态用水。采取生态系统管理的方式治理水污染，统筹考虑江河上、中、下游地区的生态环境功能，兼顾干流和支流的污染防治，实行污染治理和生态修复等综合性措施。

人与河流需要和谐相处

我国提出了以科学的发展观来指导建设和发展我国的各项事业，其中，可持续发展水利思路的核心是人与自然和谐相处。这是总结多年治水经验与教训得出的结论，反映了时代的特征和实践的要求，是从实践中得出的真知。

人与河流需要和谐相处的理论基础是马克思主义唯物辩证法的

对立统一规律。马克思主义唯物辩证法的对立统一规律告诉我们，世界上一切事物、现象和过程的内部都包含着相互关联、相互排斥的两个方面，事物之间或事物内部各要素之间在一定条件下共处于一个统一体中，矛盾的双方包含着相互渗透、相互转化的趋势，又存在着相互离异、相互排斥的性质和趋势，矛盾的同一性和斗争性推动着事物向前发展。

人与自然共处在地球生物圈的同一体中，人类的繁衍与社会的发展离不开大自然，必须以大自然为依托，利用自然；同时又必须改造自然，让大自然造福于人类，服务于人类。人与自然的这种对立面的同一性和斗争性推动社会向前发展。

我们在改造自然的活动中，很多方面过多地强调了人与自然的斗争性，片面地强调斗争性在事物发展中的作用，"与天斗其乐无穷，与地斗其乐无穷，与人斗其乐无穷"的思想长期以来成为人们的行动指南，也导致了水利建设几十年中"与水斗其乐无穷"，忽视了人与水的同一性。人类一味地与大自然斗下去的结果使矛盾转化，即由自然对人类的侵害转化为人类对自然的侵害，使人类终将受到大自然的惩罚，自食其恶果。如气温升高，环境恶化，生态失衡，地面沉降，水土流失，土壤沙化等一系列自然系统的失衡，无一不是人们与大自然过度斗争的恶果。

人与自然和谐相处，要求人们正确处理人与自然的同一性和斗争性的关系。人与自然的斗争是统一体内部的斗争，是同一之中的斗争，是在保证自然资源为人类永续利用的前提下兴利除害。因此，只有正确处理人与水的同一性和斗争性的关系，才能真正使水资源得到可持续利用，从而支持经济社会的可持续发展。

我国治水的历史非常悠久，从大禹治水，李冰修建都江堰，到王景治理黄河。我国古代的治水方法给了我们无尽的启发。

我国古代的防洪有两种方式：一是用工程措施来制止灾害的发生，即用工程来控制洪水；二是在工程治水之外，还要合理地规范国土开发，适当地避让洪水减少灾害的损失。例如，明朝的黄河工程布局，中间是黄河，黄河两边靠近主河床的堤防被称为缕堤；在外边跟河道平行的粗一点的堤被称为遥堤，遥堤距离缕堤1 000 ~ 1 500m。在遥堤跟缕堤之间，垂直于遥堤的被称为隔堤，如果某个堤防出险后，隔堤用于防止洪水直冲遥堤。由缕堤、遥堤、隔堤构成的防洪系统是工程治水的做法。又如，黄河堵口工程，用于堵口的被称为"埽枕"，它是用柳树枝做成的河工构件。这也是用工程的办法来挡住决口的洪水，减少灾害的损失。

但是当工程治水无法完全制止水灾的发生时，就会出现了通过采取措施来减少水灾带来的损失。这是我们需要关注的重点问题。例如，北宋的大文学家苏轼提出："治河之要，宜推其理而酌之以人情。所谓爱尺寸而忘千里也。"该句是指：治河，既要了解水，针对水的规律去进行减灾、防灾工作，又要考虑到社会对治水的看法。苏轼不仅是文学家，而且他在北宋担任徐州、杭州、惠州的太守时，其水利成就也很显著。例如，他在杭州修建的苏堤，不仅是一个水利工程，而且是对环境的改造。然而现今的水利工程对环境问题往往缺乏考量，因此，古人治水的这一观点对现今的治水思路仍有启发作用。

在过去的水利工作中，研究节水的措施一般限于灌溉工程，这是一种传统的治水、用水思路。而节水措施应考虑如何充分利用大气降水和合理利用土壤水以及微咸水利用、污水回用等非传统水资源。这样我们就可以充分利用再生水，以减少对水资源的直接取用的压力。

1. 正确认识需水增长的规律

发达国家的经验证明：随着经济的增长，用水效率和效益的不断提高，社会经济用水总量可以从微增长到零增长再到负增长。也就是说，经济社会发展需要用水，但是如果我们加强用水管理，合理配置和指导社会经济用水，经济社会发展了，但用水量的增长并不一定很大，甚至可以不增长。

以最近20多年的实践来检验，各地对社会经济需水增长的预测几乎都偏高。中国工程院 2000 年在《中国可持续发展水资源战略研究的综合报告》中提出："过去对需水量的预测普遍偏高，造成对供水规划和供水工程在不同程度上的误导。"

对节水治污的措施和作用研究不够，导致对社会经济需水增长的规律发生误解。我们不仅要正确认识社会经济需水增长的规律，准确预测，做好水利规划，还要主动运用需水增长的规律，加强对社会经济需水的指导和管理。

2. 要给江河的生态与环境需水留有余地

我国在过去由于对江河的生态与环境需水问题的认识和考虑不多，对江河生态与环境需水量的考虑明显不足。在进行流域规划时，只考虑如何满足社会经济的用水要求，没有想到为维持河流本身生态与环境需要保留的水量，这样做的结果使得江河受到损害。

国外对河流生态需水的计算方法偏重于保证水生态系统的生长环境，我国江河干流必须保持的最小水量，除河道内水生生态系统的需水外，至少还需考虑保证枯水和中水季节的航运等因素。为了维持沙漠内的天然绿洲，内陆河流必须保持河流终端湖泊的格局，其生态需水量至少也需年径流量的 50% 以上。因此，为了保证人与河流和谐发展，必须审慎研究确定每条河流的生态需水量和流量的时段分配，相应规划合理的开发利用方式。

3. 合理规划跨流域调水

由于我国水资源在地域、区域以及时空上的分布不平衡等原因，这样就形成了在一些地区内有的水多、有的水少的问题，为了解决这一问题，需要实施将水多的地区的水调剂到水相对较少的地区，这就是调水工程建设。但是如果跨流域调水的力度过大，也将影响人与河流的和谐发展。

在我国历史上，广西壮族自治区兴安县灵渠的"湘桂分流"、山东省京杭运河上的戴村坝分水和四川省都江堰的引水工程，都是跨流域调水的成功杰作。新中国成立后，各项"引黄"工程，东北地区的"东水西引"、"北水南调"，以至全国规模的"南水北

调"工程，更将跨流域调水推向空前的规模。调水过程中，我们需要警惕过度调水对生态和经济可能引发的负面影响，防止不适当的调水和调水规模过大。

洪水也是一种资源，有害也有利

洪水是自然界的一种异常现象，其成因主要是暴雨或急剧融冰融雪，其表征为河流水位明显上升、流量明显增大、水体总量明显增多。

水资源是可供利用或有可能被利用，具有足够数量和可用质量，并可适合某地对水的需求而能长期供应的水源。我国很多地方的传统看法是，在平水年尤其是在枯水年，水是宝贵资源；而水多尤其是在大洪水年份，没有把洪水当作资源，认为是水害。

洪水具有水资源的一般属性，但是洪水作为水源不具有长期利用的特性，供水保证率低，又不是一般意义的水资源，具有水害、兴利的双重属性，而且开发利用洪水资源的难度、风险比常规水资源要大，甚至造成灾害，具有超越一般意义水资源的特殊性。

关于洪水的利用有不同的看法。有一种观点认为，现在搞水利工程建设就是开发利用水资源，包括对洪水的调控、水能资源的开发，不存在洪水资源化的说法。另一种观点认为，今天提出洪水资源化是因为过去考虑防洪安全多，考虑利用洪水兴利少。还有一种观点认为，洪水资源化是针对传统水利、传统做法而提出的，是兴利与除害结合、防洪与抗旱并举在新时期的一个具体体现。洪水资源化就是按照新时期治水思路和理念，统筹防洪减灾和兴利，综合运用系统论、风险管理、信息技术等现代理论、管理方法、科技手段和利用工程措施，实施有效洪水管理，对洪水资源进行合理配置，在保障防洪安全的同时，努力增加水资源的有效供给。

洪水资源是强调洪水的资源特性。随着人类社会的用水量与用水保证率需求的显著提高，如何加大调蓄洪水的能力，以丰补枯，就成了各地追求的目标，人们开始意识到"洪水也是资源"。在这种朴素认识与利益需求的支配下，各种工程措施就可能成为区域之间争夺"洪水资源"的手段。但是,洪水的资源特性,除了满足人类用水需求之外,还有保持河道行洪能力、补充地下水源、维持生态系统平衡等多种功能。单纯强调洪水资源为人所用,就有可能加剧区域之间的矛盾、人与自然的矛盾,导致生态环境的危机。

洪水资源化,是洪水管理的重要内容之一,应考虑的问题包括了"资源化"的目的与实现的手段。洪水资源化,不是最大限度地满足局部地区的部分人群的利益,而应当是服务于整体的、有利于长远的可持续发展的要求。如果仅是满足局部地区对水资源的需求,则可能使其他地区陷入更大的困境;如果仅是最大限度地满足人类发展的需求,则难以避免导致生态环境的破坏。因此,水库拦蓄洪水虽然是实现洪水资源化的重要手段,但是,洪水资源化不能简单理解为让水库拦蓄更多的水,因为这样的思路仍然仅以满足部分的需求为导向,有可能继续加剧区域间的矛盾与生态环境的危机。

洪水资源化的另一有效途径是做好滩区、行蓄洪区以及农田的文章。例如,对蓄滞洪区合理进行分区管理,如果一般中小洪水也引洪蓄水,部分修复与洪水相适应的生态环境,则将有利于维持蓄滞洪区的分滞洪功能,减轻分洪损失与国家补偿负担,并形成蓄滞洪区自身适宜的发展模式。

海河流域"96·8"洪水过程中,部分蓄滞洪区与农田受淹后地下水得到明显回补,农业反而丰收的事实,证明关键不在于如何确保不淹,而在于如何有效控制受淹的范围、水深与淹没历时,减少淹没损失与不利的影响,同时促使地下水得到较多的回补,产生滞水、冲淤、冲污、洗碱、淋盐和改善生态环境的综合效益。

2003年黄河秋汛洪水调度的成功,不仅在于干流8大水库增蓄水量173亿 m^3,而且在于通过"四库联调","清浑对接",成功输送1.207亿 t泥沙入海,部分恢复了河道的过流能力,充分发挥了洪水的资源化作用。

资料连接——

美国：随着人们对洪水及其环境及生态作用认识的不断加深，美国1993年大水之后，在人烟稀少、资产密度较低的高风险区没有对水毁堤防加固或重建，让洪水迂回滞留于曾经被堤防保护的土地中，既利用了洪水的生态环境功能，同时，也减轻了其他重要地区的防洪压力。在1995出台的全国洪泛区综合管理计划中便将恢复洪水高风险区的生态环境功能作为未来30年洪泛区管理的四大目标之一。

日本：自20世纪60年代起，日本力图实现"确保安全"的防洪方略，经过30多年的经营，建立起了较高标准的防洪工程体系，近来认识到通过防洪工程确保安全，既不可能也不经济，防洪观念转变为以一定防洪标准下的"风险选择"策略。在利用洪水方面采取了雨水、洪水就地消化，洪水资源化利用，在原渠道化的河道上人为造滩、营造湿地、培育水生物种以求形成类似于自然状态的"多自然河川"等措施。

让水有出路，人、水两便利

近年来，按照科学发展观的要求，国家防汛抗旱总指挥部提出了"由控制洪水向洪水管理转变"。注重科学防控，注重规范人类活动，给洪水以出路，在防止水对人类侵害的同时，也要防止人类对水和自然的侵害。"给洪水以出路"、"防止人类对水和自然的侵害"，这的确是我国治水方略的重大进步。

在过去"人定胜天"这样的口号和思路下，只顾眼前忽视了长远，只顾上游忽视了下游，只顾人类的创造活动忽视了人与自然的和谐，本来我们想"兴水为利"，可偏偏"举水为害"，得到的是自然的频频报复：有些地方，年年防洪，年年大规模投入，却年年洪水肆虐，年年群众如候鸟般迁徙；在西部一些地方，尽管年年在垦荒，结果是"绿洲搬家"，虽然上游新造了绿洲，下游却因江河断流造成耕地大片荒芜。我们忙活了半天，从终点又回到了起

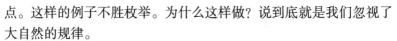

点。这样的例子不胜枚举。为什么这样做？说到底就是我们忽视了大自然的规律。

在大水面前坚持"因势利导、因时制宜"的原则，力求遵循自然规律，让水有出路，人与水都会便利。1997年我国淮河发生大洪水，10万户沿淮民众大迁移，就是彰显"人退水进"治水新理念的最好证明。

人口密度高于全国平均水平4倍多的淮河流域"人水争地"矛盾突出，人占水道成为淮河洪水泛滥的重要原因。枯水时，两岸农民就在露出水面的洼地、河道或河滩地上耕种居住，并搭起小土堤围护，导致淮河河道日益变窄，水流不畅。

我国经济实力的增强为新的治淮思路奠定了基础。近年来的淮河治理工作中，行蓄洪区改造建设工程被放在重点位置，水利部门陆续对现有行蓄洪区逐一研究，因地制宜，确定不同的改建方案，实现人水和谐。

对于标准很低、应用频繁的行洪区，民众将逐步迁出，给洪水留出空间，或是开凿分洪道"让路于水"；对明显盘占河道的行蓄洪区的人为设施则彻底废弃，恢复河道；提高城市附近需要使用的行蓄洪区的一般堤防标准，使其不再因启用而转移人口。

60岁的方国政即将在淮河附近的王家坝保庄圩度过第四个春节，迁出蓄洪区后，方老汉和一起迁出的约1 000户农民再也没有为洪水来临发愁过。

"再也不用操心发大水了，也不用因为蓄洪搬来搬去了。这才是真正的安居乐业！"方老汉高兴地说。

除了让居民退出或改造行蓄洪区，实现"人退水进"外，治淮专家还在考虑如何把夏季时淮河泛滥的洪水"留下"，弥补冬春季节时沿岸的干旱，实现"洪水资源化"，化水害成水利，造福于民。

4.2　防沙治沙需要综合治理

我国重视防沙治沙工作

由于我国特殊的地质、地理环境，沙化面积比较大，沙化土地约占全国土地面积的 1/5，受到沙化土地影响的地区约占全国的 1/3，直接影响到当地群众的生产生活，影响群众切身利益。党中央、国务院历来高度重视防沙治沙工作，采取了一系列有力措施，取得了一定成效。近年来，沙化土地净增数量有所下降，强度有所减弱，环境有所改善，沙区的经济有所发展。但我们面临的防沙治沙形势还很严峻，任务还很艰巨。增强忧患意识，以对国家、对人民、对子孙后代高度负责的态度，一代接一代人长期奋斗下去，使祖国山川更加秀美。

我国防沙治沙工作的基本方针是，坚持科学防治、综合防治和依法防治。科学防治，就是遵循科学规律，加强防沙治沙的基础科学和应用技术研究，总结和推广先进的防治技术，用科学的方法来防沙治沙，提高防沙治沙效果。

综合防治就是要实行生物措施与工程措施相结合，重点防治与区域防治相结合，人工治理与自然修复相结合，强化水资源管理，因地制宜造林种草，封沙育林，采取综合措施治理沙漠和沙化土地。

依法防治，就是要依法管理和禁止破坏沙区生态环境的违法行为，特别要禁止滥开垦、滥樵采，切实保护好沙区植被。

做好防沙治沙工作需要发挥各方面的积极性，有关地方和林业、水利、农业等部门以及沙区广大干部群众要积极参与，认真落实责任制。

防沙治沙需要坚持以科学发展观为指导，认真实施全国防沙治沙规划，着力做好各项工作。具体的方法是：

1. 依法划定封禁保护区，通过大自然的自我修复，逐步形成稳定的天然荒漠生态系统。

2. 转变沙区生产方式，改变一些地方滥开乱垦、粗放经营的做法，制止人为破坏。

3. 加大投入力度，继续抓好现有生态建设工程，启动实施一批新的重点治理工程。

4. 合理利用沙区资源发展特色产业，增加沙区农牧民收入。

5. 加强防沙治沙关键技术攻关，推广先进适用防治技术和模式，提高防沙治沙成效。

6. 加强防沙治沙执法能力建设，依法规范防沙治沙行为。

7. 创新体制机制，完善扶持政策，保障治沙者的权益。

8. 加强土地沙化监测，准确掌握土地沙化动态，为科学决策提供依据。

治沙也能创造财富

一种名为沙棘的植物原本只在草原荒漠地带自生自灭，现在却成为了内蒙古准格尔旗农民的一大收入来源。每年从贫瘠的土地上采摘这种野生浆果，再卖给当地的沙棘食品公司制成酱油或者醋，农户能从中收入数千元。治沙也能创造财富。

从 1999 年开始，准格尔旗在沙圪堵、薛家湾等旗下 5 个乡镇 54 个村全面实施砒砂岩沙棘生态减沙项目，规模化种植沙棘上百万亩，并兴办开发沙棘系列果品饮料加工企业。作为一种防沙治沙的品种，沙棘、沙柳等植被也在潜移默化地改造着准格尔旗。

我国科学家钱学森在 1984 年提出了第六次产业革命的理念和沙产业的构想。在他的设想中，沙产业、草产业和农业、林业、海业共同构成第六次产业革命的重要内容。钱学森认为："用 100 年时间来完成这个革命，现在只是开始，沙漠地区可以创造上千亿元的产值。"他指出，草产业是"以草原为基础，利用日光，通过生物，创造财富的产业"。

沙产业是用系统思想、整体观念、科技成果、产业链条、市场运作、文化对接来经营管理沙漠资源，实现"沙漠增绿、农牧民增收、企业增效"的良性循环的新型产业。

新疆塔里木河流域的综合治理

塔里木河是我国最长的内陆河，也是世界著名的内陆河之一，全长 1 321km，流域总面积 102 万 km²，涵盖了我国最大盆地——塔里木盆地的绝大部分，是保障塔里木盆地绿洲经济、自然生态和各族人民生活的生命线，被誉为新疆人民的"生命之河"、"母亲之河"，全流域总人口 902 万人。

历史上塔里木河流域的九大水系均有水汇入塔里木河干流。由于人类活动与气候变化等影响，20 世纪 40 年代以前，车尔臣河、克里雅河、迪那河相继与干流失去地表水联系；塔里木河下游断流现象是在 20 世纪 50 年代以来大规模垦荒的背景下出现的。由于多年来无序开荒和无节制用水，塔里木河干流水量日趋减少，下游河道断流 320km，尾闾台特玛湖相继干涸，稀疏的荒漠植物大量枯死，气候变得越发干燥。

我国自 2001 年开始实施的塔里木河流域治理工程，计划投资 107.93 亿元，截至 2007 年下半年，已经累计下达中央投资计划 66 亿元，其中向下游生态输水是主要治理措施之一。

2000 年 5 月至 2007 年 10 月，新疆已先后 9 次向塔里木河下游生态输水，共计自大西海子水库泄洪闸下泄水量约 23 亿 m³，其中 6 次将水输到台特玛湖，结束了塔里木河下游河道断流 30 多年的历史，初步改善了干流下游的生态环境。塔里木河下游沿河两侧地下水位明显回升，天然植被恢复面积达 27 万亩，台特玛湖重现碧波荡漾景色，大片胡杨林焕发了生机，越来越多的野生动物重返故园。

胡杨树号称"沙漠英雄树"，是沙漠中一道靓丽而奇特的风景，民间有"死了三千年不倒，倒了三千年不腐"之称。新疆的胡杨林面积占全国的 90%，主要分布在塔里木河流域，是目前世界上面积最大也最集中的一片原始胡杨林，在防风固沙、水源涵养、改善人居生态环境方面发挥着重要作用。

塔里木河流域实施综合治理后，大片胡杨林得到恢复；同时，

新疆塔里木河的水孕胡杨林

政府投入上亿元将大部分胡杨林列入国家重点生态公益林，给予相应补偿；新疆林业部门还通过颁发林权证，维护胡杨林经营者的法律地位，建立胡杨林管护站，有效保护胡杨林。当胡杨林遭受春尺蠖侵害严重时，新疆当地还出动飞机进行"飞防"，并采用人工增雨等方法滋润干渴的胡杨，一系列保护措施使塔河流域胡杨林面积得到迅速恢复，郁闭度逐年提高，防沙治沙效果进一步显现，也为农牧业丰收提供了有力保障。

黄河流域退耕还林生态改善

我国退耕还林工程覆盖面积的 2/3 是水土流失严重的黄河流域及北方地区，我国实施退耕还林工程后，黄河流域水土流失情况得到改善。黄河泥沙主要来源之一的延安林草覆盖率提高了 1/4，地处风沙前沿的内蒙古生态整体恶化得到遏制，黄河流域及北方地区生态效益逐年显现。

在全球气候变暖、人类活动加剧等因素影响下，多年来，青海省三江源地区出现了降水量减少、植被破坏、湖泊干涸、湿地面积

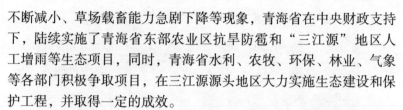

不断减小、草场载畜能力急剧下降等现象，青海省在中央财政支持下，陆续实施了青海省东部农业区抗旱防雹和"三江源"地区人工增雨等生态项目，同时，青海省水利、农牧、环保、林业、气象等各部门积极争取项目，在三江源源头地区大力实施生态建设和保护工程，并取得一定的成效。

随着退牧还草、人工增雨等生态工程的实施，黄河源头地区降水量逐年增大，无降水日数减少，使得原本干旱的气候得到了一定的缓解，素有"千湖之县"美誉的玛多县原来干涸的湖泊有所增加，湿地面积逐步恢复，植被得到明显恢复，牧草产量增加。

我国开展水土流失与生态安全综合科学考察

2007年5月，"中国水土流失与生态安全综合科学考察"活动开始启动，这是新中国成立以来我国水土保持生态建设领域规模最大、范围最广、参与人员最多的一次跨部门、跨行业、跨学科的综合性科学考察活动。参与考察工作由中国科学院、中国工程院以及来自科研机构、大专院校及生产单位的200多位生态、环境、资源、法律、政策方面的院士和专家组成。考察工作成立西北黄土区、长江上游区、东北黑土区、北方土石山区、南方红壤区、西南石漠化区、西北风沙区和开发建设活动等8个科学考察组以及水土流失状况与基础数据集成、水土流失对社会经济发展和生态安全影响评价、综合防治水土流失的政策与重大工程建设等3个专题研究组，在我国七大流域的近30个省（区、市）开展为期一年半的深入细致的科学考察研究。

这次考察的目的是，客观评价我国的水土流失现状、现有防治技术路线及工程实施效果；全面总结我国防治水土流失和生态建设的经验与教训；更新理念，重新认识人与自然的关系；科学提出我国主要类型区防治水土流失的目标、标准、技术路线和方法；明确加快我国水土流失综合防治与生态建设工作今后需要解决的重大科学与技术问题，为国家生态建设宏观决策提供科学依据和战略对策。

西气东输工程重视水土保持工作

西气东输工程是将新疆塔里木和长庆气田的天然气通过管道输往上海的输气工程。管道全长 4 000 km 左右，设计年输气量 120 亿 m³。

西气东输管道工程起点自新疆塔里木轮南，由西向东经新疆、甘肃、宁夏、陕西、山西、河南、安徽、江苏等省（区），终点到上海市。

管道共穿（跨）越长江、黄河等大型河流 6 次，穿（跨）越中型河流 500 多次，穿越干线公路 500 多次、干线铁路 46 次；通过Ⅵ级及以下地震烈度区约 2 500 km，Ⅶ级地震烈度区约 800 km，Ⅷ级地震烈度区约 700 km。

为确保西气东输工程对生态环境和水土流失的不利影响降到最低，制定的《西气东输工程水土保持方案》，为防治水土流失，采取分区防治措施提供了保障。

4.3　保护水环境我国在行动

与自然相处必须珍惜自然资源

2007 年 4～5 月，太湖水面发生了大面积"蓝藻"。5 月 29 日，太湖明珠无锡全城水臭，不仅饮用水，就是居民的生活用水都面临着严重问题。

蓝藻暴发，从表面上看，是一次突发的生态灾害，但从根源上分析，是长期以来积累的生态环境问题的一次集中反映，是大自然对人类损害环境的报复和惩罚。

震惊全国的 2007 年 6 月 15 日南海九江大桥垮塌事故正好发生在滥挖河沙重灾区西江下游。

滥挖河沙诱发诸多弊端——损毁堤防工程、危及防洪安全；河床整体下切、供水无法保障；河流水位降低，咸潮上溯区域扩大；航道深浅不一、潜伏交通隐患；水环境日趋恶化、多种灾害频发。人为滥挖河沙酿成事故已不乏其例，广东省十大堤防之一的西江防线景丰联围就因为滥挖河沙已经导致接二连三发生险情了；无序采挖河沙资源危及水利工程堤防设施，已经上升为人民生命财产安全的心腹大患。

在西江肇庆段有个挖沙商一年被抓四次，每次依法按最高罚款30万元处置，年内共处罚120万元，被罚款者异常"慷慨大方"毫不在乎，因为这对于其高昂的牟利来说简直是小菜一碟。

广东省建筑市场年需沙量逾亿立方米，年出口销售到日本、中国台湾和香港的河沙量1 000万 m^3，但是广东省境内四大江河北江、西江、东江、韩江的年采沙量仅约1 500万 m^3，入不敷出疯狂挖沙20年，使得河流生态脆弱。

河沙销售市场充斥暴利，最高时每立方米80元，一些挖沙暴发户分红不用数钱而是量厚度、高度。

在东江流域东莞河段有一功率在同类船舶中全国最大的挖沙船，最高每天挖沙5万多立方米，可见挖沙如同印钞机"吐"钱财源滚滚并非言过其实。

现代经济社会发展再不能是"一地致富，八方遭殃"、"吃祖宗饭，砸子孙碗"式的发展。不考虑生态环境的掠夺式生产和发展是要不得的，人与自然应该是和谐发展。

我国重点湖泊水环境治理

2008年1月23日，国务院办公厅发出《关于加强重点湖泊水环境保护工作的意见》的通知，为我国重点湖泊水环境治理划定目标和时限。

太湖、巢湖、滇池以及三峡库区、小浪底库区、丹江口库区为保护重点，并加强洪泽湖、鄱阳湖、洞庭湖和洱海等水环境保护工作。到2010年，重点湖泊富营养化加重的趋势得到遏制，水质有所改善；到2030年，逐步恢复重点湖泊地区山清水秀的自然风貌，形成流域生态良性循环、人与自然和谐相处的宜居环境。

重点湖泊流域的地方各级人民政府将加大对造纸、酿造、印染、制革、医药、选矿以及各类化工等行业落后生产能力的淘汰力度。到 2008 年底前，依法完成所有排污单位排污许可证核发工作，对未达到排污许可证规定的企业要实施限产、限排。超标排放水污染物的企业要在 2008 年 6 月底前完成治理；对逾期未完成的，实行停产整治或依法关闭。

在重点湖泊流域的内城镇新建、在建污水处理厂都要配套建设脱氮除磷设施，保证出水水质达到一级排放标准；已建污水处理厂要在 2010 年年底前完成脱氮除磷改造，出水水质达到规定的排放标准。在重点湖泊流域内禁止销售和使用含磷洗涤用品。

重点湖泊流域的地方人民政府将控制农村生活污染和面源污染。在重点湖泊最高水位线外 1km 范围内，严格控制种植蔬菜、花卉等单位面积施用化肥量大的农业活动，严禁施用高毒、高残留农药。

重点湖泊流域控制旅游业和船舶污染。在 2008 年底前，所有进入湖泊的机动船舶都要按照标准配备相应的防止污染设备和污染物集中收集、存储设施，船舶集中停泊区域要设置污染物接收与处理设施。制订船舶污染水域应急预案。

苏州河的水变清了

上海是典型的依河发展的口岸城市，因此，苏州河被称为上海的"母亲河"。随着上海城市经济建设的高速发展，苏州河成了大量生产、生活污水的排放地；在 20 世纪 70 年代，苏州河河段达到了终年黑臭的地步。苏州河河水涨潮，污水带着垃圾就流到了居民的家中，给当地居民生活带来了严重的影响。

从 1988 年开始治理苏州河，提出到 2000 年要让苏州河水基本变清。十多年过去了，在几届上海市政府的努力下，苏州河渐渐恢复生气。从 2000 年开始，河里出现了鱼虾，来河边观光、锻炼的人也多起来。现在，苏州河上每年都举办龙舟比赛。

调查显示，在上海市的重大工程中，"苏州河治理"以 73.6% 的认可度，被市民选为"受益度最大"的项目。

苏州河整治三期工程计划总投资为 34.1 亿元，实施期限为

2006～2008 年,具体五大项目为:苏州河市区段底泥疏浚和防汛墙改建工程、苏州河水系截污治污工程、苏州河青浦地区污水处理厂配套管网工程、苏州河长宁区环卫码头搬迁工程和苏州河综合监控管理工程。

苏州河环境综合整治三期工程将全面实施,将在 2008 年最终实现苏州河景观旅游功能,两岸绿色走廊,西闸以上段水质达到国家地表水Ⅳ类水标准。

企业随意排污将受到重罚

我国的《水污染防治法》于 1984 年颁布实施,1996 年进行了修订。2000 年,国务院又颁布实施了《水污染防治法实施细则》,进一步提出严格的水污染防治要求。然而由于种种原因,我国的水污染形势并没有得到有效缓解。为此,2007 年 9 月 5 日,全国人大全文公布了《水污染防治法》修改草案(新草案),公开向社会征集意见和建议。流域限批是此次《水污染防治法》修改草案对地方政府责任做出的最严格的规定。

2005 年在全国七大水系的 411 个地表水监测断面中,有 27% 的断面为劣Ⅴ类水质,全国约一半城市市区地下水污染严重。此外,水污染事故也频繁发生。2005 年全国共发生环境污染事故 1 406 起,其中水污染事故 693 起,占全部环境污染事故总量的近一半。虽然原有的《水污染防治法》在水污染防治上起到了一定的促进作用,但在地方政府的环境保护责任、水环境监测网络等众多问题上还不够完善,需要进一步补充和细化。

1. 从行政手段变为法律手段

根据新草案第五条规定,县级以上地方人民政府应当按照各自的污染物排放总量控制指标,削减和控制本行政区域内的重点水污染物排放总量,并最终将总量控制指标分解落实到排污单位。对超过重点水污染物总量控制指标的地区,有关人民政府环境保护主管部门应当暂停审批新增重点水污染物排放总量的建设项目。这一条规定,其实就是流域限批,这是一种强有力的手段。由于不准再上

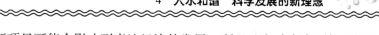

新项目可能会影响到当地经济的发展，所以地方政府会更加重视污染物总量控制。

2. 最高罚款限额提至 100 万

新草案在严格政府的水污染防治责任的同时，也加强了企业的水污染防治责任，其中包括确立全面的污水排放许可制度以及加大对企业违法行为的处罚。为了保证环保部门的执法力度，此次草案还赋予了环保部门对违法企业停产整顿的权利。在具体处罚上，新草案将处罚最高限额由以前的 20 万元升至 100 万元，提高了 5 倍。只有罚得企业"倾家荡产"，才会对企业起到足够的震慑作用。

我国加大流域水污染防治建设力度

"十一五"期间，国家将加大对海河、淮河、辽河、黄河中上游等 11 个流域的水污染防治重点工程的投资，总额将达 2 565 亿元。

重点治理工程被确定三类，分别为工业污染治理工程、城镇污水处理工程和区域污染防治工程。重点流域涉及 23 个省、市、自治区，总面积约 275 万 hm^2，水资源总量 8 128.7 亿 m^3，总人口约 7.88 亿，地区生产总值约 9.6 万亿元。重点流域水污染得到有效控制，全国的水环境质量将得到明显改善。

根据国家"十一五"重点流域水污染防治规划，总体目标初步定为：到 2010 年，重点流域率先建立以水环境保护优化经济增长的发展模式，重点保护流域集中式饮用水源地水质，跨省界断面水环境质量明显改善，工业企业实现全面稳定达标排放，流域水环境监管、水污染预警和应急处置能力显著增强。

国家将严格控制工业污染物排放增长。对环境不友好的产业产品应用提高税收标准、减少补贴等方式进行惩罚，鼓励建立循环经济产业园区，提升企业开展清洁生产的动力，促进环境友好产品的生产与销售。以全面稳定达标为目标，重新确立我国工业污染防治的战略，协调与理顺我国有关工业污染防治的法规、标准和政策，加强监督执法，切实加强工业企业的排污行为管理。

规划的重点治理工程投资不是实现重点流域总量控制目标和水质目标所需资金的全部。规划中确定的治理工程仅为重点工程，还有大量非重点治理项目需要各级政府督促实施。就主要水污染物减排而言，除工程减排之外，还包括结构调整减排和管理减排；除建设投资外，治理工程的正常运行和维护所需的费用也应有所考虑。因此，初步测算重点流域"十一五"期间水污染治理资金总需求为 4 000 亿~4 500 亿元。

2007 年始，吉林省计划投资 50.39 亿元用于松花江流域水污染防治的 86 个重点工程项目。将采取一系列措施从源头上防治松花江流域产生新的环境污染和防范环境风险。

松花江流域沿岸的重点化工、冶金和粮食深加工企业分别制定了应急预案，落实事故防范工程措施；对于超标污染源，相关部门限期治理，取缔污染严重的企业，淘汰落后生产工艺和设备，关闭逾期不达标的企业；对严重超标准、超总量和使用及排放有毒、有害物质的重点企业，实行清洁生产强制审核等措施来推动发展循环经济，推进城镇污水处理厂建设和运营，解决城市污水问题；针对该省突出的糠醛产业污染问题，确保环境污染最小化，吉林省停批了糠醛项目和玉米深加工项目；此外，还将优化工业产业结构，加强工业污染防治，同时建立重点污染源在线监测系统，防范和妥善处理突发性环境污染事件。

2007 年 11 月，黑龙江省纳入《松花江流域水污染防治规划（2006~2010 年）》的 116 个项目，在 116 个项目中，工业治理项目 65 个，计划投资 17.94 亿元；城市污水处理及再生利用设施建设项目 40 个，计划投资 54.53 亿元；重点区域污染防治项目 11 个，计划投资 5.01 亿元。这些项目对整个松花江流域水污染防治工作起着非常关键的作用。

2007 绿色中国年度人物奖

"2007 绿色中国年度人物"颁奖典礼于 12 月 14 日晚在京举行，9 人荣获"2007 绿色中国年度人物"称号。

获奖者分别是：清华大学环境科学与工程系教授张晓健；中央电视台《新闻调查》栏目记者柴静；河南周口市"淮河卫士"会长霍岱珊；北京绿家园负责人汪永晨；吉林省红石林业局退休工人赵希海；香港环境运输及工务局前局长廖秀冬；江苏省无锡尚德太阳能电力有限公司董事长施正荣；著名导演张艺谋、冯小宁等。

柴静和她主持的《新闻调查》对于事实真相的不懈探究和追寻，成为新闻从业者和新闻媒体作为舆论监督的典范。2007年6月，她在博客上写下《你是公民，也是记者》的帖文，向网友征集关于各地豪华超标政府楼与公共设施的图片与线索。2007年9月9日，中央电视台新闻调查栏目播出了《山西：断臂治污》，引起了广泛的社会关注。

退休工人赵希海18年来植树18万株，成活10.8万株，育苗21.6万株，价值上百万元，全部捐献给了国家。他不顾年事已高、身体多病，默默地走向大山，风雨无阻义务植树。

环境顾问廖秀冬北京成功申奥有她的一份功劳，作为奥组委环境顾问，她积极提倡"污染者自付"原则，制定有关法例。2007年5月16日，她在香港立法会上提出修订《2007年污水处理（排污费）规例》的决议案。2007年6月她对外宣布，维多利亚港湾已悄悄长出珊瑚，致病微生物指标的大肠杆菌含量下降了50%。

张艺谋执导的《满城尽带黄金甲》在拍摄过程中，留下专人做扫除，重新种草。与地方政府联手打造大型实景演出《印象·丽江》、《印象·西湖》，他将环保放在首位。2008年北京奥运会"绿色奥运"的理念，已经成为这位奥运会开、闭幕式总导演的重要阐释和不舍情怀。

绿色先锋汪永晨，为了让更多的记者参与环保，2007年她组织15个城市的记者共同开创"绿色记者沙龙网"。她还组织"江河十年行"行动，计划用10年的时间，每年走一遍川西、滇西北地区的主要河流。2007年10月，她联合民间组织对《水污染防治法》修订草案提出建议。

绿色使者施正荣，是江苏省无锡尚德太阳能电力有限公司董事长，2007 年 3 月，尚德公司向 2008 北京奥运会主体育场鸟巢工程捐赠的太阳能光伏发电系统工程正式启动。该项目将向全世界完美诠释"绿色、科技、人文"的奥运理念。

淮河卫士霍岱珊，2007 年国家环保总局对淮河流域实行了"流域限批"，他身体力行，带领志愿者在沙颍河组成"淮河排污口公众监控网络"，通过摄影图片、DV 光碟、论文、媒体报道，把淮河水污染的真实信息报告给政府和公众。

治水大师张晓健，他是我国自己培养的第一名环境工程博士，成功开展了 2007 年 5 月无锡饮用水事件、2007 年 6 月秦皇岛饮用水事件等多次水污染事件中的应急供水工作，被媒体称为"治水大师"。

绿色导演冯小宁，他拍摄的"生命与环境"三部曲，用镜头记录和歌颂自然、呼吁环保、倡导人与自然和谐共处。2007 年 9 月，由他执导的影片《青藏线》在全国放映，因其真实反映了三代中国人为实现高原铁路梦想而奋斗的故事，获得了广大观众的认可。他作为全国政协委员，连续五次在政协会议上提出要保护野生动物的提案。

知识连接——绿色中国年度人物奖

"2007 年中国环境文化节"由中宣部、全国人大环境资源委员会、全国政协人口资源环境委员会、文化部、国家广电总局、团中央和国家环保总局联合主办，联合国环境规划署特别支持，中国环境文化促进会承办。"中国环境文化节"意义和作用是为促进我国环境经济、环境文化事业的发展而发挥推动作用。

"2007 绿色中国年度人物奖"是"2007 中国环境文化节"的重要组成部分，是我国首个由政府颁发的环保人物大奖，得到了联合国环境规划署的特别支持。该奖将评选出十位本年度为环保事业做出杰出贡献的公务员、企业家、学者、新闻从业者、非政府组织负责人、学生、市民、工人、农民等各界人士，以鼓励公众为落实科学发展观、建设绿色中国而继续奋斗。

"2007 绿色中国年度人物奖"是一种具有"公众精神"的奖。它的候选人名单向全社会公开征集，评选过程在各大媒体上受公众监督，最终结果由公众通过一套专家设计的程序投票选出。

近年来，随着全社会环保意识的大幅提升，越来越多的人在环保领域发挥着作用，为中国的绿色崛起做出了杰出贡献。他们或者坚持可持续发展理念，以无私无畏之勇气与污染势力进行斗争；或者开风气之先，率先实行绿色生产和生活方式；或者倾其所有投身环保公益事业，培植中国社会的公益精神。

4.4 工程水利天人合一

我国江河纵横驰骋山川秀美，造化了无数自然风光令世人瞩目。

我国有世界第一黄色瀑布，《书禹贡》一书中用八个字描述："盖河漩涡，如一壶然。"壶口瀑布气势磅礴，与《黄河大合唱》奏响时代强音，给人以精神洗礼、荡气回肠。

牡丹江有我国最大让人震撼的火山镜泊湖瀑布，每当夏季洪水到来之时，镜泊湖水从四面八方漫来聚集在潭口，然后蓦然跌下，像无数白马奔腾，十分壮观；最富诗意的庐山瀑布，历代文人骚客在此赋诗题词，赞颂其壮观雄伟，给庐山瀑布带来了极高的声誉；我国最大瀑布黄果树瀑布是贵州白水河上最雄浑瑰丽的美景，它将河水的缓游漫吟和欢跃奔腾奇妙地糅合在一起，白河之水从 68m 高的悬崖之巅跌落而下气韵恢弘万千。

如果说江河瀑布水势磅礴，那么世界自然遗产九寨沟之水，以清新空气和雪山、森林、湖泊组合成神妙、奇幻、优美的自然风光，彰显"自然之美"，"童话世界"，给人以九寨归来不看水之感叹。

我国江河川流不息，引无数水利工程，尽显天人合一，这里风光独好。

千古美名都江堰

都江堰位于四川省成都平原西部的岷江上，建于公元3世纪，是中国战国时期秦国蜀郡太守李冰及其子率众修建的一座大型水利工程，是全世界至今为止，年代最久、唯一留存、以无坝引水为特征的宏大水利工程。2 200多年来，至今仍发挥巨大效益，四川省青城山和都江堰2000年11月被列入《世界遗产名录》。

都江堰渠首工程主要有鱼嘴分水堤、飞沙堰溢洪道、宝瓶口进水口三大部分构成，科学地解决了江水自动分流、自动排沙、控制进水流量等问题，消除了水患，使川西平原成为"水旱从人"的"天府之国"。灌溉面积已超过1 000万亩。

岷江是长江上游的一条较大的支流，发源于四川省北部高山地区。每当春夏山洪暴发之时，江水奔腾而下，从灌县进入成都平原，由于河道狭窄，古时常常引起洪灾，洪水一退，又是沙石千里。岷江东岸的玉垒山又阻碍江水东流，造成东旱西涝。

公元前256年，李冰任蜀郡太守（太守相当于现在的专员），为解除洪灾之患，主持修建了著名的都江堰水利工程。

都江堰的主体工程是将岷江水流分成两条，其中一条水流引入成都平原，这样既可以分洪减灾，又达到了引水灌田、变害为利的目的。为此，李冰在其子二郎的协助下，邀集有治水经验的农民，对岷水东流的地形和水情做了实地勘察，决心凿穿玉垒山引水。在无火药（火药发明于东汉时期，即公元25～220年间）不能爆破的情况下，他们利用热胀冷缩的原理，以火烧石，使岩石爆裂，大大加快了工程进度，终于在玉垒山凿出了一个宽20m，高40m，长

80m的山口。因形状酷似瓶口，故取名"宝瓶口"，把开凿玉垒山分离的石堆叫"离堆"。

宝瓶口引水工程完成后，起到了分流和灌溉的作用，但因岷江以东地势较高，江水难以流入宝瓶口，李冰父子率众又在离玉垒山不远的岷江上游和江心修筑了分水堰，用装满卵石的大竹笼放在江心堆成一个狭长的小岛，形如鱼嘴，岷江之水流经鱼嘴之时，被分为内外两江。外江仍循原流，内江经人工造渠，通过宝瓶口流入成都平原。

为了进一步起到分洪和减灾的作用，在分水堰与离堆之间，又修建了一条长200m的溢洪道流入外江，以保证内江无灾害，溢洪道的上部修有弯道，江水形成环流，江水超过堰顶时洪水中夹带的泥石便流入到外江，这样便不会淤塞内江和宝瓶口水道，故取名"飞沙堰"。为了观测和控制内江水量，又雕刻了三个石桩人像，放于水中，让人们知道"低水位时不淹足，来洪水时的高水位不过肩"。

古老工程都江堰治水理念及科学水平令世人惊叹不已。水利工程与附近伏龙观、二王庙、安澜索桥、玉垒关、离堆公园玉垒山公园和灵岩寺等众多的文物古迹遥相互应，形成了一幅人水和谐景色秀丽的画卷。

新疆坎儿井彰显地下运河

我国素有"火洲"、"风库"之称的气候极其干燥的新疆吐鲁番，很久以来就出现大片的绿洲。奥秘之一，就是在吐鲁番盆地上分布着四通八达，犹如人体血脉的坎儿井群和潜流网络。

坎儿井与万里长城、京杭大运河并称为中国古代三大工程，古称"井渠"。

坎儿井主要分布在吐鲁番盆地、哈密地区，以吐鲁番地区最多，计有千余条，连接起来，长达5 000km，所以有人称之为"地下运河"。

坎儿井是劳动人民为了提高自身的生存能力，根据本地气候、水文特点等生态条件，创造出来的一种地下水道工程。

新疆大约有坎儿井1 700多条，分布在吐鲁番盆地、哈密盆地、南疆的皮山、库车和北疆的奇台、阜康等地，其中以吐鲁番盆地最多，达1 200多条，总长超过5 400km。

坎儿井之所以能在吐鲁番大量修建，是与这里的地理条件分不开的。吐鲁番盆地北部的博格达山和西部的克拉乌成山，每当夏季来临，就有大量的融雪和雨水流向盆地，当水流出山口后，很快渗入戈壁地下变为潜流。积聚日久，使戈壁下面含水层加厚，水储量大，为坎儿井提供了丰富的水源。

吐鲁番大漠底下深处，砂砾石由黏土或钙质胶结，质地坚实，因此，坎儿井挖好后不易坍塌。吐鲁番干旱酷热，水分蒸发量大，风季时尘沙漫天，往往风过沙停，水渠常被黄沙淹没；而坎儿井是由地下暗渠输水，不受季节、风沙影响，水分蒸发量小，流量稳定，可以常年自流灌溉。所以，坎儿井非常适合当地的自然条件。

新疆维族村民取坎尔井水饮用

坎儿井是一种结构巧妙的特殊灌溉系统。它由竖井、暗渠、明渠和涝坝（一种小型蓄水池）四部分组成。竖井的深度和井与井的距离，一般都是愈向上游竖井愈深，间距愈长，约有30～70m，愈往下游竖井愈浅，间距也愈短，约有10～20m。竖井是为了通风

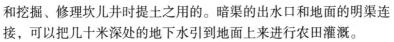

和挖掘、修理坎儿井时提土之用的。暗渠的出水口和地面的明渠连接，可以把几十米深处的地下水引到地面上来进行农田灌溉。

世界上最早的坎儿井出现在亚美尼亚。新疆坎儿井的起源目前主要有三种说法：①由西汉时关中的井渠演变而成；②当地各族人民因地制宜的创造；③导源于波斯，由中亚传入坎儿井的历史源远流长。

汉代在今陕西关中就有挖掘地下窖井技术的创造，称"井渠法"。汉通西域后，塞外乏水且沙土较松易崩，就将"井渠法"取水方法传授给了当地人民，后经各族人民的辛勤劳作，逐渐趋于完善，发展为适合新疆条件的坎儿井。

吐鲁番现存的坎儿井多为清代以来陆续兴建的。据史料记载，由于清政府的倡导和屯垦措施的采用，坎儿井曾得到大量发展。清末因坚决禁烟而遭贬并充军新疆的爱国大臣林则徐在吐鲁番时，对坎儿井大为赞赏。1845 年（清道光二十五年）正月，林则徐赴天山以南履勘垦地，途经吐鲁番县城，在当天日记中写道："见沿途多土坑，询其名，曰'卡井'能引水横流者，由南而弱，渐引渐高，水从土中穿穴而行，诚不可思议之事！"坎儿井的清泉浇灌滋润吐鲁番的大地，使火洲戈壁变成绿洲良田，生产出驰名中外的葡萄、瓜果和粮食、棉花、油料等。现在，尽管吐鲁番已新修了大渠、水库，但是，坎儿井在现代化建设中仍发挥着生命之泉的特殊作用。

相关问题连接——新疆坎儿井亟待保护加固

新疆境内的坎儿井全长约 5 400km。长期以来，它一直是当地发展农牧业生产和解决人、畜饮水的主要水源，被称为"沙漠生命之泉"。鼎盛时期新疆有坎儿井 1 700 多条，但是随着近年来当地社会经济的发展，地下水位的不断下降，目前新疆有水的坎儿井不足 600 条，并且正以平均每年 20 多条的速度消失，对坎儿井的保护加固已经刻不容缓。为此，新疆决定投入 2.5 亿元资金拯救坎儿井。据介绍，初步确定要保护 480 条坎儿井，其中防护加固的有 276 条，常规性维护的有 115 条，计划恢复 89 条。

高山写照红旗渠精神

红旗渠是我国 20 世纪 60 年代，在国家经济困难时期，为改善生存条件，在党的领导下，河南省林州人民宁愿苦干，不愿苦熬，以"誓把河山重安排"的英雄气概，用 10 年时间，在太行山的悬崖峭壁、险滩峡谷中修建了全长 1 500km 的大型水利灌溉工程，这就是为世人所称赞的高山人工天河——红旗渠。

红旗渠被周恩来总理誉为"新中国建设史上的奇迹"。

红旗渠的建设实践，充分显示了集体主义、社会主义的伟大创造力，充分显示了中国共产党的坚强领导。

1960 年 2 月，红旗渠开工。在那样一个困难时期，在党和政府的坚强领导下，林县数万人民斩断 1 250 个山头，修建桥涵 2 530 座，涵洞 299 个，战天斗地，书写了人间奇迹。

1964 年，总干渠通水。

1966 年，3 条干渠同时竣工。

1969 年，被称为"人工天河"、"幸福渠"、"生命渠"的 1 500km 红旗渠灌溉体系基本形成。

为修筑红旗渠工程，先后有 81 人在工程中献出了宝贵的生命。

今天的红旗渠，已不是单纯的一项水利工程，它已成为民族精神的一个象征。

在红旗渠修建过程中形成的"自力更生、艰苦创业、团结协作、无私奉献"的红旗渠精神，与伟大的"延安精神"、"西柏坡精神"是一脉相承的。

雄伟的太行山中树立了林州人民自力更生、勇于自我挑战的丰碑。红旗渠精神以独立自主为立足点，以艰苦创业、无私奉献为核心，以团结协作的集体主义精神为导向，既继承和发展了中华民族

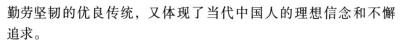

勤劳坚韧的优良传统，又体现了当代中国人的理想信念和不懈追求。

红旗渠这一伟大壮举，证明艰苦奋斗的伟大精神，可以成就伟业。这种精神的动力在今天仍具有无穷的力量。

红旗渠的水不停地流淌着，她永远都在吟唱着林州人民不怕牺牲、无私奉献的精神。我们要永远记住红旗渠水中所流淌着的声音和精神，让她永远激励我们不畏困难、奋发进取。

过去，我国人民创造了高山上的红旗渠精神，今天，红旗渠精神能更加激励我国人民以科学的发展观，唱响新时代的水利高歌。

壮美景色三峡情

三峡工程设想从开始提出，到三峡大坝全线建成，前后历时近百年。"三峡水力之富，甲天下"，"四川平原之水，以宜昌峡为惟一出路。"缘于长江三峡丰富的水力资源和天然地形，早在 20 世纪初，我国就萌生了建设长江三峡工程的伟大设想。

孙中山先生早在 1919 年制定的《建国方略》提出："当以水闸堰其水，使舟得以逆流而行，而又可资其水力。"这是国人首次提出三峡水力开发的设想。

不仅是国人，美国知名水坝专家萨凡奇也曾对三峡工程情有独钟。20 世纪 40 年代，他数次到三峡考察认为："长江三峡的自然条件，中国是惟一的，在世界上也不会有第二个。"但在那战火纷乱、国力微弱的年代，修建三峡工程，终究只是一个梦想而已。

新中国成立后，三峡工程纳入国家战略。1953 年 2 月，毛泽东主席在讨论长江防洪时说，费了那么大的力量修支流水库，还达不到控制洪水的目的，为什么不集中在三峡卡住它呢？1956 年 6 月，毛泽东畅游长江写下"更立西江石壁，截断巫山云雨，高峡出平湖"不朽诗篇，传递出截江驯水的壮志豪情。

党的十一届三中全会以后，随着经济发展和国力增强，建设三峡工程日渐可行。但因工程关系重大，涉及巨额投资、环境保护、水利安全、移民安置等诸多问题，三峡工程一直在进行周密论证。

1986～1988年，国务院重新组织400多位专家进行三峡工程论证工作，多数专家认为，建设三峡工程技术上是可行的，经济上是合理的。

1992年是具有决定性意义的一年。4月3日，七届全国人大五次会议通过了关于兴建三峡工程的决议。经过两年前期准备，这项举世瞩目的工程于1994年12月14日正式开工。经过无数建设者的奋战，前后历时10多个春秋，三峡工程的最核心建筑物——三峡大坝如今全线建成。

三峡情，圆了中华民族的百年梦想!

三峡工程是在长江干流上修建的巨型水利枢纽工程，由大坝、水电站、通航建筑物等三大部分组成。三峡工程将在应对能源危机和防洪上发挥重要作用，同时，它将成为自然环境生物资源保护基地，为东西部的全方位融合大开"方便之门"。

举世宏伟的三峡水利枢纽工程

应对洪水之患，防洪成了三峡工程的首要任务。三峡水库蓄水高程达175m后，其防洪库容能达221.5亿 m³，差不多是四个荆江分洪区的可蓄洪水量。一旦有特大洪水来临，有关部门可按既定程序调节该水库库容，及时有效地调控洪水。长江中下游的2 250万

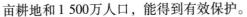

亩耕地和1 500万人口，能得到有效保护。

荆江两岸江汉平原上的居民，是长江两岸受威胁最大的居民，通过三峡水库调蓄，可使荆江段的防洪标准由"10年一遇"，提高到"100年一遇"。哪怕是遇到了"1 000年一遇"的洪水，也不可怕。有了安全感，中下游的人可以安心地工作、学习和谋生。武汉等城市的沿江地带，势必会建成更多休闲娱乐设施。

水力发电惠及人民。三峡水库的水力发电，正常运行每年可产生847万kW·h的巨大电能，上海市等经济高速发展能源紧缺的城市，能得到有效电力保障。

随着三峡库区水位的不断提升，一些新景点出现在长江上，有的地方还形成了"千岛湖"的美景。来自广东省一家旅行社的林先生就专门飞到了宜昌当地考察。林先生说："三峡大坝建成了，很多人又开始重新看好当地旅游资源，新三峡美景是值得期待的。"三峡游已开始升温，而到三峡来玩的游客80%的人必看三峡大坝，三峡大坝已成为一条亮丽主景点，并拉动了周边其他三峡景点的升温。

长江将成为中华鲟及珍贵陆生物种的最大繁殖基地。为保护中华鲟，国家有关部门对野生中华鲟进行严密监测，在宜昌市建立了人工繁殖研究所。从1984年在长江放流6 000尾幼体中华鲟起，迄今已放养中华鲟453万尾。之外，还放养了胭脂鱼若干尾。对于因三峡水库蓄水，直接受淹没影响的120科植物物种，绝大部分在未受淹没的地区广泛分布。外界广泛关注的珍稀植物荷叶铁线蕨、疏花水柏枝都采取了设保护点保护，并进行了培植，其种源数量一定会进一步加大。

宜昌市民秦先生说："三峡大坝对气候的影响，我们最直观的感觉就是宜昌的气候比以前平和多了。夏天没有以前那么热了。现在都快到6月份了，但这些天一直都只有20多摄氏度，这是很少见的，而在往年天气明显地要热。"另一位在当地做茶叶生意的老板表示，夏天确实感觉比以前要凉爽，就好像在吹空调。

研究表明，三峡水库建成后，由于形成大面积的人工水面，三峡水库会使极端最高气温降低4℃左右，而极端最低气温升高3℃左右。三峡水库对当地气候具有冬暖夏凉的自然"空调"作用。

5 北京奥运与水同行

5.1 北京奥运与水

水环境与安全问题

北京市历史上叫做北京湾，曾经有很好的水源。三面环山，俯临平原，河流纵横，湖沼众多，地下水源丰富。北京，古称燕、蓟，又称幽州，从一个诸侯国都邑、北方重镇，到国家的都城、中华人民共和国首都，城市延绵 3 000 多年，都城 800 多年经久不衰。在这个历史长河中，城市的发展与百姓的生活都与水息息相关。

200 年前，北京市到处是湖泊、坑塘、沼泽，北京地区的湿地是现在的上百倍。即便在清朝年间，北京南部仍保存着大面积湿地。麋鹿是一种喜湿润气候的动物，那时，它们就在北京东南部一个被称为"南海子"的沼泽地区生息繁衍。

历史上北京市人均水资源量是：汉朝初年人均 60 000 m^3，东汉末年人均 28 000 m^3，唐朝人均 11 000 m^3，金朝人均 8 000 m^3，元朝人均 5 300 m^3，明朝北京人口没有明显增加，清朝末年人口增加到 110 万人，人均水资源 3 600 m^3。

2000 年北京人均水资源量不足 300 m^3，仅为全国人均拥有量的 1/8，世界人均水平 1/30。人均拥有水资源量，排在世界 120 多个国家的首都和城市之后。平原地区地下水资源严重超采，已形成 2 000 多 km^2 的漏斗区。近几年，北京市每年缺水均在 4 亿 m^3 左右。水资源短缺已成为制约北京市发展的主要因素，特别是 1999 年以来，北京遭遇连续干旱，更加剧了水资源短缺的局面。

北京地表水最主要的水源是密云水库和官厅水库：密云水库的设计库容是 43.7 亿 m^3，然而 2004 年的蓄水量仅 7.1 亿 m^3，其中有 6 亿多是无法使用的死库容；官厅水库设计库容是 41.6 亿 m^3，

2007 年蓄水量仅为 1 亿 m^3。

现在，北京市每年要从更为缺水的河北、山西地区调水。正在施工的"南水北调"中线工程贯通后，2010 年起将每年向北京市供水 12 亿 m^3。

水利是经济社会发展的基础，也是举办奥运会的基础条件，申办奥运的成功，对北京水资源和水环境保障提出了更高的要求。

1. 防洪安全

奥运会举办期（2008 年 8 月 8 日开始）正处在北京主汛期内，防洪是重点。北京地区降水量较大，要保证奥运场馆特别是水上运动项目不受洪水的影响，对防洪工作提出了很高的要求。为保障奥运会正常进行，制订了详细的抗风险预案。其中的主要内容有：为场馆和水上比赛场提供防洪保障；保障标准以内降水的条件下比赛场馆和运动员驻地的道路畅通，立交桥下不积水；制定出严密的防洪预案和建立快速反应体系。做出奥运会期间或前期因洪水影响正常比赛的应对预案；完善城市防洪体系，确保城市和重点水利工程的防洪安全；制定出开幕式期间内不同降水情形下活动方案。

2. 供水安全

奥运会的举办对供水安全提出了更高的要求，要落实水资源规划确定的各项任务，一方面要提高用水效率，节约用水，回用再生水；另一方面加强水资源调配，保障城市供水安全。主要的安全措施有：

一是保障城市生活和饮用水安全，满足水量和水质要求。场馆和运动员村必须按要求同时建设节水设施。

二是保障比赛场馆用水安全。场馆用水中要特别注意潮白河水上运动场在大旱条件下的用水安全，建设双水源保障系统。北京市实施的"引温入潮"跨流域调水工程，将大大改善奥运水上运动场馆周边的水环境，为北京奥运会营造良好的生态景观。

在奥林匹克水上公园所在地的北京市顺义区，引自温榆河的清水经过地下玻璃钢管线，正源源不断地注入顺义区新城北部的减河。

三是奥林匹克公园湖泊用水建设双水源保障系统，奥运会期间供应清洁的地表水，其他时间可以用部分再生水。

四是加快实施水资源规划中节约用水、再生水回用、雨洪利用等建设项目。为保障水资源供需平衡积累水量，同时为保障奥运会期间用水提供保障。

五是按水资源规划安排调整水价，促进节水并为实施水资源规划建设项目筹集建设资金。

3. 水环境安全

建设清洁优美的城市水环境是绿色奥运的重要内容，北京市确定了天更蓝、水更清、地更绿的环境目标。北京市年产污水 13 亿 m^3，污水处理能力 42%，但仍然存在着河湖清污混流、水体富营养化严重、河道淤积、堤岸损毁等问题，需要下大力量改变现状，保障城市水环境安全。

一是场馆和运动员村必须同时建设污水处理及再生水回用系统。

二是治理后的城市河湖实现清污分流，改善环境水面。城区河道达到 2～4 类标准，下游河道达到 4～5 类以上标准，实现"三环清水绕京城，万亩水面添美景"的治理目标。

三是改善北京城近郊区缺少水面的现状，改善生态环境。在奥林匹克公园建设 3 000 亩左右的湖泊。在永定河、清河、凉水河、温榆河、坝河、北运河、潮白河的河边开挖一部分可以滞蓄雨洪、储蓄再生水、回补地下水的湖泊和湿地。

四是加强水土保持为重点的生态环境建设。

4. 水管理系统建设

奥运会对水管理提出了新的要求，同时对理顺北京市水管理体制也是一个良好的契机。加强水政策法规建设，理顺管理体制，实现对防洪、水资源供需平衡和水生态环境统一管理，加强城市水务统管，是提高城市水管理效率、保障水资源合理调配的有效手段。

水管理体制。为了保证奥运会的成功举办，在奥运筹建过程中涉及防汛、供水、排水、水质、水环境、节水、污水处理、再生水回用等方面的工作内容，需要有统一的行政管理组织协调各方面的工作。

水信息采集、传输、处理系统建设，为决策提供快速、准确的信息支持。

快速反应系统建设。应对防洪、供水、水环境等方面可能出现的突发事件。

法规保障。在完善法规的基础上，城近郊区水利管理部门充实执法队伍，加大执法力度。

5. 水文化建设

北京市有着悠久的水利发展史，水文化在北京历史文化中有着重要地位。新中国建立后的水利发展也有着厚重的历史和文化内涵。展示迷人的水利，支持辉煌的奥运，是人文奥运中的重要内容。

一是挖掘并弘扬北京城市历史水文化，展示其独特的魅力和风采。出版发行表现北京水文化内容的画册、书籍等。

二是在城市水系治理过程中将闸、坝、路、堤、岸的绿化、美化、文化一并考虑，建设一些表现北京水文化的艺术品，如雕塑、碑刻等，具有一定的文化和科技含量。

三是提高城市水系旅游通航的文化品位。

四是搞好郊区的、以水和生态环境为主题的旅游。

5.2　科技奥运水立方

2003 年 12 月 24 日，国家游泳中心——水立方与国家体育场——鸟巢，同时开工建设。2008 年 1 月 28 日，占地面积近 6.3 万 m^2 的蓝色水晶宫殿式的建筑水立方竣工。

"水立方"位于北京奥林匹克公园内，它与一墙之隔的"鸟巢"一起被并称为北京奥运会两大标志性建筑物。

湛蓝色的"水立方"建筑与东面的"鸟巢"，一圆一方，体现了中国"天圆地方"建筑理念。与主场馆"鸟巢"的设计相比，"水立方"体现了更多的女性般的柔美，一个阳刚，一个阴柔，形成鲜明对比，在视觉上极具冲击力。

2006年，美国著名科普杂志《大众科学》发布了"年度100项最佳科技成果"，"水立方"高票入选。

此外，"水立方"也是唯一一个接受港、澳、台同胞和海外华人捐赠建设的奥运场馆，捐赠人数超过10万人，认捐金额达9.6亿元人民币。这些捐款中，最大的一笔是霍英东捐出的2.0亿港币。

设计新颖、造型独特，工程造价1亿美元，轻灵、宁静、具有诗意的气氛，融汇了中国传统文化和现代科技，一个正方体，简洁明快又富有神秘感，这就是北京2008奥运会场馆国家游泳中心——"水立方"。

"水立方"位于北京奥林匹克公园内，总建筑面积65 000 ~ 80 000m^2，与中轴线另一侧的国家体育场遥相呼应、相得益彰，以和谐的面貌把主场区的气氛推向高潮。其功能完全满足了2008年奥运会游泳、跳水、花样游泳、水球等赛事要求，可容纳座席17 000个，且易于赛后运营。赛后它将成为北京最大的、具有国际先进水平的多功能游泳、运动、健身、休闲中心，成为奥林匹克运动留给北京的宝贵遗产和北京城市建设的新亮点。

由中澳两国建筑师合作完成的"水立方"设计方案，从十个参赛方案中脱颖而出，最终被确定为国家游泳中心的实施蓝本。方形是中国古代城市建筑最基本的形态，它体现的是中国文化中以纲常伦理为代表的社会生活规则。"天圆地方"的设计哲学催生了"水立方"。

白天，"水立方"淡蓝色的"外衣"沐浴明媚的阳光，在蓝天白云的映衬下，一片柔和温润，如诗如画；夜晚，华灯闪耀，"水立方"气泡流光溢彩，这座湛蓝的水晶宫殿更加纯净、柔美，魅力无穷。

"水立方"与"鸟巢"遥相辉映

水立方，外墙体和屋面围护结构采用新型钢膜结构体系，钢膜结构体系由一系列类似于细胞、水晶体的钢网架单元和聚乙烯－四氟乙烯共聚物材料充气薄膜共同组成。

"水立方"是世界上最大的膜结构工程，除了地面之外，外表都采用了膜结构和聚乙烯－四氟乙烯共聚物材料，蓝色的表面出乎意料的柔软但又很充实。

膜结构具有较强的隔热功能，另外，修补这种结构非常方便，如果破了一个洞，只需用不干胶一贴就行了；膜结构还非常轻巧，并具有良好的自洁性，尘土不容易粘在上面，尘土也能随着雨水被排出。膜结构自身就具有排水和排污的功能以及去湿和防雾功能，尤其是防结露功能，对游泳运动尤其重要。

节水成为水立方一大特点，所有用水都由中水回收利用。"水立方"膜结构的特点使得场馆内能够得到 10 个小时的照明，让场馆更加节电。

国家游泳中心——水立方，是世界上最先进的多面体空间钢架结构技术、世界上规模最大、构造最复杂、综合技术最全面的膜结构安装工程。通过先进的控制系统，池水的温度能够稳定保持在

26℃，完全符合国际泳联池水温度 26±1℃的要求，地面温度则控制在 26~28℃之间。"水立方"在运动员的比赛路线、赛事流程方面都向世界大型赛事学习，运动员从热身池到比赛池的地砖都是采用地源热泵系统，保证光着脚的运动员不受温度影响，同时，为观众观赛提供舒适的环境。

6 关爱"地球之肾"——湿地

6.1 认识保护湿地，珍视地球生命

湿地面积占陆地面积6%，地球的湿地如同人一样，它是具有生命的。湿地、森林、海洋并称为全球三大生态系统，具有维护生态安全、保护生物多样性等功能，所以人们把湿地称之为"地球的肾脏"。虽然地球上的湿地如此的重要，但是人类对湿地重要性的认识比较滞后。

湿地包括沼泽、泥炭地、湿草甸、湖泊、河流、滞蓄洪区、河口三角洲、滩涂、水库、池塘、水稻田以及低潮时水深浅于6m的海域地带等。

与土地、森林、草原等自然资源相比，人类对湿地重要性的认识要滞后得多。即使是现在，湿地在许多人眼里还被视为无用的荒废之所。而越来越多的现代研究成果表明，湿地在生态、经济和文化方面的效益和功能是巨大的。

1. 湿地的生态功能

一是保护生物和遗传多样性。自然湿地不但为水生动物、水生植物提供了优良的生存场所，也为多种珍稀濒危野生动物，特别是水禽提供了必需的栖息、迁徙、越冬和繁殖场所。没有保存完好的自然湿地，许多野生动物将无法完成其生命周期，湿地生物多样性将失去栖身之地。同时，自然湿地为许多物种保存了基因特性，使得许多野生生物能在不受干扰的情况下生存和繁衍。因此，湿地当之无愧地被称为"生物超市"和"物种基因库"。

二是减缓径流和蓄洪防旱。许多湿地地区是地势低洼地带，与河流相连，是天然的调节洪水的理想场所；湿地被围困或淤积后，这些功能会大受损失。湿地可以容纳洪水，在干旱季节，湿地可将

洪水期间容纳的水量向下游和周边地区排放，抗旱功能十分明显。

三是固定二氧化碳和调节区域气候。湿地由于其特殊的生态特性，在植物生长、促淤造陆等生态过程中积累了大量的无机碳和有机碳，由于湿地环境中，微生物活动弱，土壤吸收和释放二氧化碳十分缓慢，形成了富含有机质的湿地土壤和泥炭层，起到了固定碳的作用。

四是降解污染和净化水质。湿地具有很强的降解污染的功能，许多自然湿地生长的湿地植物、微生物通过物理过滤、生物吸收和化学合成与分解等把人类排入湖泊、河流等湿地的有毒、有害物质转化为无毒、无害甚至有益的物质，如某些可以导致人类致癌的重金属和化工原料等，能被湿地吸收和转化，使湿地水体得到净化。湿地在降解污染和净化水质上的强大功能使其被誉为"地球之肾"。

五是防浪固岸、保卫国土安全。海浪、湖浪和河水等对沿岸地区构成巨大威胁，如果湿地没有保护好，这些因素对农田、鱼塘、盐田甚至村庄均会有不同程度的破坏。而湿地植被生长良好的地方，海浪的流速和冲击力都会减弱，使水中泥沙逐步沉淀形成新的陆地。

2. 湿地的经济效益和社会效益

湿地是全球价值最高的生态系统。据联合国环境署 2002 年的权威研究数据表明，每亩湿地生态系统每年创造的价值约 7 000 元，是热带雨林的 7 倍，是农田生态系统的 160 倍。

湿地提供丰富的动植物食品资源。湿地生态系统物种丰富、水源充沛、肥力和养分充足，有利于水生动植物和水禽等野生生物生长，使得湿地具有较高的生物生产力，且自然湿地的生态系统结构稳定，可持续提供直接食用或用作加工原料的各种动植物产品，如水稻、肉类、鱼类、水生植物等一直是人类赖以生存和发展的基础。

湿地提供了丰富的工业原料和能量来源。湿地还可以为人类社

会的工业经济发展提供包括食盐、天然碱、石膏等多种工业原料以
及硼、锂等多种稀有金属矿藏；湿地还有多种可用于工农业生产加
工原料的生物产品，如造纸、饲料、药材、原料加工等。

中国的城市化、工业化正以前所未有的速度和规模突飞猛进，
耕地、林地、草地资源的保护力度也得到前所未有的强化。在这样
的大背景下，湿地这一重要的生态系统，已引起了国家和各级政府
的高度重视，并在宣传、立法、保护规划、资源调查和组织机构建
设等方面开展工作，把湿地保护好、利用好。

3. 人类活动对湿地的威胁

人类对湿地保护认识不够，不当的人为活动使中国湿地面积迅
速减少，致使湿地的生产和生态功能迅速降低，遭受威胁的种类和
程度急剧增加，估计40%的重要湿地受到中等和严重威胁，而且
随着经济和人口的增长威胁会继续加大。主要的影响有以下方面：

（1）人口增加必定使环境压力增加。

（2）资源过度利用，不仅直接导致湿地动物资源减少，还破
坏了湿地环境。过度放牧也会破坏湿地植被和环境。

（3）湿地围垦和开垦。开发荒地后使水禽栖息地减少，围垦
不仅缩小了湿地也使植被群落结构变化、生物量减少、水情发生变
化、鱼类产卵场和育肥场遭到破坏，大批湿地生物被毁灭。土地利
用不当导致的土壤侵蚀使河流和湿地大量淤积，面积减少，蓄水滞
洪功能减弱。

（4）环境污染对湿地的威胁正随着工业化进程而迅速增大。
例如，工业废水、工业污水、农药污染、油类污染等。

（5）水利工程建设。防洪、灌溉等水利工程减少了湿地水量
和面积，尤其是有效栖息地面积，导致湿地岛屿化，阻碍了鱼类洄
游路线和湿地与河流之间的正常物质交换，改变了湿地动植物种类
组成，使生物多样性减少。干旱、半干旱地区的大多数湿地水源来
自上游湿润地区的径流甚至是不常见的洪水。近些年来为了获得近
期利益而使上游的工业和绿洲农牧业截留用水不断增加，导致下游

湿地逐渐干枯和水质变坏。

（6）气候干旱化是西北干旱地区大量湿地逐渐消失的原因。

（7）海岸侵蚀使滩涂湿地不断损失。

（8）城市化、旅游业和道路建设。在城市规划建设中对保护湿地不够重视，片面地进行开发建设，甚至填湖造地。盲目地发展旅游业和道路建设会破坏湿地环境，造成湿地破碎化和岛屿化，改变湿地作为珍禽栖息地的功能。

危害我国湿地的因素很多，其中最重要的是人口和经济增长带来的过度开发利用及环境污染，使湿地数量及其效益处于严重下降的威胁之中。湿地生态系统的破坏在许多情况下是不可逆转的，即使经过治理使其恢复也要经过相当长的时间，要付出巨大的代价。如果只为眼前利益和局部利益而使湿地及其资源遭到破坏，受到的损失和遭到的报复一定是残酷的，甚至这种报复会殃及子孙后代。

因此，采取各种有力措施，保护有限的湿地及其资源，使之达到可持续利用，加强湿地生态系统和湿地合理保护利用，提高湿地保护意识，加强湿地保护立法工作和执法力度是一件非常重要的大事。

6.2　我国的湿地建设与保护

我国的湿地保护规划

由于人类经济社会发展对资源的日益需求，全球湿地正在遭受前所未有的破坏。为此，1996 年，国际湿地公约常委会将每年的 2 月 2 日定为世界湿地日。从 1997 年开始，世界各国每年都选择各种主题纪念湿地日，广泛宣传湿地知识，倡导保护湿地。

我国的湿地面积约占世界湿地面积的 10%。为保护珍贵的湿地资源，我国由国家林业局牵头，17 个部委共同制订并实施了《中国湿地保护行动计划》，计划中提出到 2010 年要遏制由人类活动导致天然湿地萎缩的趋势；2020 年，将逐步恢复退化或丧失的湿地。

目前我国已有 21 处湿地列入国际重要湿地名录，面积达 303 万 hm²。至 2002 年我国已建各类湿地自然保护区近 353 处，已经逐步建立了中央政府、地方政府和民间团体共同参与、行之有效的湿地保护管理体制。在未来的 10 年中，我国政府将投资上百亿元资金用于湿地保护与恢复。并在三江源地区、长江中下游地区、三江平原、松嫩平原和嫩江源头、高原湖泊、澜沧江流域、沿海以及红树林分布地区开展项目示范工程；在全国重点湿地生态系统类型地区再建 160 处湿地类型自然保护区，使总面积达到 3 亿亩。同时，新建湿地监测站形成湿地监测体系并加强湿地保护的科研工作。

我国的鄱阳湖湿地

鄱阳湖是中国最大的淡水湖，处于长江中下游，是生物多样性非常丰富的世界六大湿地之一，湿地面积占江西省湿地总面积的 97.2%。

鄱阳湖湿地是我国第一批列入"国际最重要湿地名录"的湿地之一，生态地位极其重要。

从 1981 年江西省政府批准建立省级鄱阳湖候鸟保护区以来，目前鄱阳湖区已建立自然保护区 15 个。鄱阳湖保护区总面积 33.6 万亩，有鸟类 310 多种、兽类 47 种、爬行类 48 种、鱼类 122 种、贝类 40 种、昆虫类 227 种、浮游动物 47 种、浮游植物 50 种、高等植物 476 种。每年在鄱阳湖越冬的候鸟多达 30 万只，其中白鹤 3 900 多只，占全球白鹤总数的 95%。这里还栖息着国家一级保护动物 10 种、二级保护动物 48 种，有 13 种鸟类被国际鸟类保护组织列为世界濒危鸟类。

查干湖湿地自然保护区

查干湖自然保护区位于吉林省前郭尔罗斯蒙古族自治县，保护面积 76 万亩，保护类型为自然生态系统类别、内陆湿地和水域生态系统类型，重点保护对象为湿地生态系统和珍稀濒危鸟类。该保护区地处科尔沁草原东侧，属半干旱地区，湿地类型独特，鸟类栖

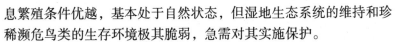

息繁殖条件优越，基本处于自然状态，但湿地生态系统的维持和珍稀濒危鸟类的生存环境极其脆弱，急需对其实施保护。

我国建立自然保护区是保护自然环境、自然资源和生物多样性的有效途径，是经济社会可持续发展的客观要求，是促进人与自然和谐发展的重要手段，是建设环境友好型社会的重要内容。国家级自然保护区主要保护对象的典型性、稀有性、濒危性、代表性较强，在保护我国特有物种资源、维持生态系统良性循环等方面具有重要作用。

我国重视湿地保护建设

近年，天津、云南等地通过建立科学的管理和补偿机制，使湿地生态得到有效保护。

新疆、云南等地也都通过建立长期、稳定的补偿机制，加大湿地保护与生态恢复力度。江西省清除了一万多亩种植在鄱阳湖湿地保护区核心区和缓冲区的速生杨树；云南省昆明市租用了沿湖农民土地建设滇池周边湿地；吉林省采取与企业合作的方式启动湿地植被恢复综合治理工程。

新疆石河子连续向古尔班通古特沙漠中的玛纳斯湖湿地输水，湿地面积从 $20km^2$ 恢复到了 $120km^2$。

绚丽多彩的新疆玛纳斯河湿地主要分布在玛纳斯河中上游的坎苏瓦提至出山口红山嘴宽阔平坦的河谷地带以及中下游冲积扇扇缘，由于这里的地下水接近地表而溢出，从而形成了带状沼泽湿地、溢水泉和小溪流。

玛纳斯河湿地的动物、植物极为丰富。每到春夏季节，这里就成为动植物的天堂。湿地有溢水泉和小溪的滋润，植物茂密，无边无际的芦苇、毛腊、牧草翠绿欲滴；五颜六色的野花竞相开放，成千上万只各种鸟儿则齐聚湿地，放声歌唱，繁衍后代。

保护好玛纳斯河湿地，对维护玛纳斯河流域的生态平衡，生态状况，实现人与自然和谐，促进玛纳斯河流域经济的可持续发展，具有十分重要的意义。

地处源头的玛纳斯河

我国西藏的湿地

西藏自治区境内上规模、上面积的湿地有上千处，湿地面积达到9 000多万亩，约占全区土地面积的4.9%，湿地面积名列全国首位。

高山湿地是世界上独一无二的湿地资源。在西藏众多湿地中，仅拉萨市就有拉鲁湿地等大小30余处湿地，此外面积较大的湿地有日喀则市区内的德庆格桑颇章湿地和林芝巴结湿地等。据专家推算，仅拉鲁湿地每年通过光合作用可吸收二氧化碳7.88万t，产生氧气5.37万t。近年来，拉萨市环境空气质量优良天数为354d/年，优良率达97%。

被称为"世界屋脊"的西藏高原有着丰富的水、湿地、草原等资源。目前，西藏已建立各类自然保护区38个，总面积40.77万km^2，占全自治区国土面积的34%，居全国之首。"西藏珠峰国家级自然保护区湿地保护工程"已得到国家有关部门批复，这项总投资达1 400多万元的工程，将于明年开始实施。

珠穆朗玛峰自然保护区位于西藏西南部与尼泊尔交界处，1988年10月经西藏自治区政府批准成立，1994年4月经国务院批准升

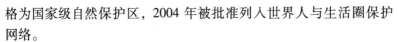

格为国家级自然保护区，2004年被批准列入世界人与生活圈保护网络。

珠峰国家级自然保护区面积为3.3万km²，是西藏生物多样性最强的自然保护区之一。据初步统计，这里有高等植物2 300多种，动物有270多种，其中国家重点保护动物有33种，雪豹、黑豹、金钱豹、熊猴等珍惜野生动物均栖息在这里。

这些湿地不仅是青藏高原的"物种基因库"和重要的氧气补给源，也是保持地下水位、增加空气湿度和维持生态平衡的重要资源。

近年来，国家加大了对西藏高原湿地的保护力度。1999年，总投资达9 200多万元的拉鲁湿地保护工程启动，2005年拉鲁湿地又被国家环保总局列入国家级自然保护区，2008年国家计划投资2 800万元保护西藏阿里地区"神山圣湖"周边湿地。

7 中国的七大江河流域

中国有 960 万 km^2 的辽阔土地，江河纵横、川流不息，湖泊、水库星罗棋布，冰川积雪熠熠生辉。全国流域面积超过 100km^2 的河流有 5 万多条，流域面积在 1 000km^2 以上的河流有 1 500多条。

我国流入太平洋的河流，主要有黑龙江、乌苏里江、松花江、图们江、鸭绿江、辽河、海河、黄河、淮河、长江、钱塘江、闽江、珠江、元江、澜沧江等；流入印度洋有怒江、雅鲁藏布江；流入北冰洋的有新疆的额尔齐斯河。

我国较长的内陆河流，有新疆的塔里木河、伊犁河和流经青海、甘肃、内蒙古的黑河。外流河的流域面积占到全国总面积的65.2%。

黑龙江、乌苏里江、图们江、鸭绿江等分别是中俄、中朝两国的界河，只有一岸在中国；元江、澜沧江、怒江、雅鲁藏布江、额尔齐斯河等河流，上游在中国，下游在其他国家，都属于国际性河流。它们地处边疆，水资源很丰富，治理、开发利用涉及的因素比较多。

相对而言，内地的河流研究、开发利用得比较早，也充分一些。其中，长江、黄河、淮河、海河、珠江、辽河、松花江等七条江河，总流域面积 430 多万 km^2，约占全国外流河流域面积的70%，年水量15 400亿 m^3，约占全国年水量的 60%，占据着我国的半壁江山，生活着 12 亿人。

7.1 长江流域

长江是中国第一大河，又名扬子江，河流长度仅次于尼罗河与亚马逊河，入海水量仅次于亚马逊河与刚果河，均居世界第三位。

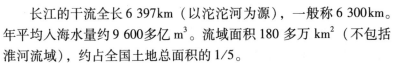

长江的干流全长 6 397km（以沱沱河为源），一般称 6 300km。年平均入海水量约 9 600 多亿 m³。流域面积 180 多万 km²（不包括淮河流域），约占全国土地总面积的 1/5。

长江的上源沱沱河出自青海省西南边境唐古拉山脉各拉丹冬雪山，与长江南源当曲汇合后称通天河；南流到玉树县巴塘河口以下至四川省宜宾市间称金沙江；宜宾以下始称长江，扬州以下旧称扬子江，在上海称黄埔江。

长江流经西藏、四川、重庆、云南、湖北、湖南、江西、安徽、江苏等省市区，在上海市注入东海。有雅砻江、岷江、沱江、嘉陵江、乌江、湘江、汉江、赣江、青弋江和黄浦江等支流。在江苏省镇江市同京杭大运河相交。

长江在湖北省宜昌市以上为上游，水急滩多；宜昌至江西省湖口间为中游，曲流发达，湖泊较多，其中的鄱阳、洞庭两湖最大；湖口以下为下游，江宽，江口有冲积而成的崇明岛。长江水量和水利资源丰富，盛水期，万吨轮可通武汉，小轮可上溯宜昌。

长江在重庆奉节以下至湖北宜昌为雄伟险峻的三峡江段即著名的瞿塘峡、巫峡、西陵峡，世界上最大的水利枢纽工程——三峡工程就位于西陵峡中段的三斗坪。

7.2　黄河流域

黄河为中国第二大河，以河水含沙量高和历史上水灾频繁而举世闻名。

黄河源于青海巴颜喀拉山，干流贯穿 9 个省、自治区，流经青海、四川、甘肃、宁夏、内蒙古、陕西、山西、河南、山东，全长 5 464km，流域面积 75 万 km²。沿途汇集有 35 条主要支流较大的支流，在上游有湟水、洮河；在中游有清水河、汾河、渭河、沁河；在下游有伊河、洛河。两岸缺乏湖泊，黄河下游流域面积很小，流入黄河的河流很少。黄河的入海口河宽 1 500m，一般为 500m，较窄处只有 300m，水深一般为 2.5m，有的地方深度只有

1.2～1.3m。

黄河多年平均天然径流量580亿 m³，流域人均水量593m³，耕地亩均水量324m³。

黄河上游：河源至贵德，两岸多系山岭及草地高原，海拔均在3 000m 以上，高峰可超过4 000m，河道呈"S"，河源段400km 内河道曲折，两岸多湖泊、草地、沼泽，河水清水流稳定，水分消耗少产水量大，多湖泊，最大湖泊星宿海、鄂陵湖，气候为高原寒冷，鱼类系中亚高原区系，种类少，资源丰富。鱼类资源长期未被开发利用。

黄河中游：贵德至孟津，多经高山峡谷，水流迅急，坡降大，贵德到刘家峡山谷极为深峭，河宽50～70m，最狭处不到15m，谷深100～500m，水流湍急而狭窄崖陡，并蕴藏丰富的水力资源。在峡谷上修建了大型水库，黄河出青铜峡后进入河套，形成大片冲积平原，水流平缓，鲤、鲫、鲶鱼类资源较丰富。黄河流经河口镇折向南行，穿行秦、晋峡谷，到龙门全长只有718km，落差611m，比降大，龙门以下到潼关130km 河段，纳汾、渭、泾、洛诸水，水量大增，泥沙大量淤积河道不稳定，鲤鱼资源丰富，中游经黄土高坡，携带大量泥沙，给下游巨大危害，是根治水害的关键河段。

黄河下游：孟津至华北平原一段为下游，全长874km，河道宽阔平坦，水流缓慢泥沙淤积，河床平均高出地面4～5m，为地上河，是鱼类资源最为丰富的渔业河段，其中有河口洄游鱼类、河道性鱼类，定居性鱼类，半咸水鱼及淡水性鱼类。

黄河从源头到内蒙古自治区托克托县河口镇为上游，河长3 472km；河口镇至河南郑州桃花峪间为中游，河长1 206km；桃花峪以下为下游，河长786km。

7.3　珠江流域

珠江由西江、北江、东江及珠江三角洲诸河4 个水系组成，分布于我国的云南、贵州、广西、广东、湖南、江西六个省、自治区

及越南的东北部。

珠江的主流是西江，发源于云南省境内的马雄山，在广东省珠海市的磨刀门注入南海。

珠江是我国南方的一条大河，横贯华南大地，是我国七大江河之一。珠江包括珠江流域、韩江流域、海南省，广东省、广西省沿海诸河及云南省、广西省国际河流，跨越云南、贵州、广西、广东、湖南、江西、福建、海南等 8 省、自治区，总面积 63.86 万 km²，其中珠江流域我国境内面积 44.21 万 km²，另有 1.1 万余 km² 在越南境内。

珠江水资源量相对比较丰富，径流总量仅次于长江，是黄河的 6 倍，单位面积产水量居全国之首。

7.4 海河流域

海河流域位于我国华北地区，是我国开发利用较早的流域之一。

海河流域年均径流量 211.6 亿 m³，具有地区分布不均的特点，流域各河径流变化较大，大部分河流有 1/2 ~ 4/5 的年径流量集中在 6 ~ 9 月，7 ~ 8 月间形成夏汛，月径流量可占全年的 1/4 ~ 2/5。年际间的变化更为悬殊，多水年和少水年的径流量相差 5 倍。

海河由北运河、永定河、大清河、子牙河、南运河 5 条河流自北、西、南三面汇流至天津后东流到大沽口入渤海，故又称沽河。

海河的干流自金钢桥以下长 73km，河道狭窄多弯。海河流域东临渤海，南界黄河，西起太行山，北倚内蒙古高原南缘，地跨京、津、冀、晋、鲁、豫、辽、内蒙古 8 省区。流域面积 31.78 万 km²，占全国总面积的 3.3%，其中山区约占 54.1%，平原占 45.9%。

1. 北运河为海河北支，源于北京市昌平县北部山区，上源名温榆河，通县以下始称北运河；其水自青龙湾河、筐儿港减河汇入潮白新河或永定新河，注入渤海。全长约 180km，流域总面积

2.96 万 km²。

2. 永定河为海河西北支，上源为桑干河和洋河，分别源于晋西北和内蒙古高原南缘，两河均流经官厅水库，出水库后始名永定河，至屈家店与北运河汇合，其水经永定新河由北塘入海。全长650km，流域面积5.08 万 km²。

3. 大清河为海河西支，是上游五大支流中最短的干流。其上源北支由源于涞源县境的北拒马河和源于白石山的南拒马河组成，南支则由漕河、唐河、大沙河和磁河等十余支流组成，均源于太行山东麓并汇入白洋淀，出白洋淀后始名大清河，至独流镇与子牙河汇合。全长448km，流域面积3.96 万 km²。

锦色秀美的海河

4. 子牙河为海河西南支，由发源于太行山东坡的滏阳河和源于五台山北坡的滹沱河汇成，两河于献县汇合后，始名子牙河。全长730 余 km，流域面积7.87 万 km²。

5. 南运河为海河南支，上游有漳河与卫河两大支流，流域面积37 584km²。漳河源自太行山背风坡，经岳城水库，在徐万仓与卫河交汇，流域面积19 220km²。卫河源自太行山南麓，由淇河、安阳河、汤河等十余条支流汇集而成，流域面积15 229km²。南运河向北汇入子牙河，再入海河，全长309km；漳卫新河向东于大河口入渤海，全长245km。

7.5　淮河流域

　　淮河是我国东部的主要河流之一。淮河流域西起桐柏山和伏牛山，南以大别山和江淮丘陵与长江流域分界，北以黄河南堤和沂蒙山与黄河流域分界。流域东西长约700km，南北平均宽约400km，面积27万km^2，其中淮河水系为19万km^2，泗、沂、沭河水系为8万km^2。

　　淮河干流源于河南省桐柏山北麓，流经豫、皖至江苏省扬州市三江营入长江，全长1 000km，总落差196m。豫、皖两省交界的洪河口以上为上游，长360km，流域面积3万km^2；洪河口至洪泽湖出口处的三河闸为中游，长490km，流域面积16万km^2；洪泽湖以下为下游，面积3万km^2，入江水道长150km。

　　淮河流域还包括有洪泽湖、南四湖、骆马湖、高邮湖等多座较大的湖泊，其中洪泽湖的库容达130亿m^3，是淮河流域最大的淡水湖，也是我国的第四大淡水湖。

　　淮河流域地处我国南北气候过渡地带。年降水量南部大别山区最大达1 300～1 400mm，北部黄河沿岸仅为600～700mm。每年6～9月份为汛期，降水量占年总量的60%～70%。淮河流域年地表径流量622亿m^3，属我国水资源短缺地区。流域内平原地区的浅层地下水蕴藏较丰富，一般在地下60m内均有较好的含水层，地下水来源由降水补给。平原区地下水资源量年均为224亿m^3。两者合计为846亿m^3。

7.6　松花江、辽河流域

　　松辽流域泛指东北地区，行政区划包括辽宁、吉林、黑龙江三省和内蒙古自治区东部的四盟（市）及河北省承德市的一部分。

　　松辽流域总面积123.8万km^2。西、北、东三面环山，南部濒临渤海和黄海，中、南部形成宽阔的辽河平原、松嫩平原，东北部为三江平原。

松辽流域主要河流有辽河、松花江、黑龙江、乌苏里江、绥芬河、图们江、鸭绿江以及独流入海河流等。其中黑龙江、乌苏里江、绥芬河、图们江、鸭绿江为国际河流。

松辽流域水资源总量 1 888 亿 m³，其中：地表水 1 612 亿 m³，地下水 625 亿 m³，地表水与地下水重复量 349 亿 m³。地表水与地下水可开采总量 1 837 亿 m³，其中：地表水 1 612 亿 m³，地下水可开采量 225 亿 m³。

松辽流域属多民族聚居地区。流域内人口主要以汉族为主，少数民族有满、蒙古、回、朝鲜和锡伯等 43 个民族。其中，赫哲族、鄂伦春族、达翰尔族、柯尔克孜族最为古朴独特；满族、朝鲜族、蒙古族、回族也极有地方风韵。

7.7　太湖流域

太湖流域是长江最下游的以太湖为中心，是以黄浦江为主要的排水河道的一个支流水系。

太湖流域属亚热带季风气候区，降水以春、夏季节的梅雨和夏、秋季节的台风雨为主，年平均降水量约 1 100mm。地形总趋势为由西向东倾斜。流域西部为山区、丘陵；中、东部为平原、洼地，面积分别占全流域的 22% 和 78%，其北、东、南三边均筑有江堤或海塘。

流域区内主要水系有入太湖的苕溪、南溪水系，出太湖的黄浦江水系和连接长江与太湖的沿江水系等。流域平原由长江、钱塘江和太湖水系冲积形成。

太湖面积 2 460km²，为我国第三大淡水湖。湖水深 2～3m，容积 44.3 亿 m³，是调节流域洪、枯水的中枢。由于河道比降十分平缓，又受到潮水的顶托，泄水能力小，容易成洪涝灾害，水位的变化对地区治理常有较大影响。

1954 年流域内发生 20 世纪以来最大的洪水，嘉兴最高水位达 4.38m，太湖东部淀泖区最高水位达 4.2m，淹没农田 785 万亩，

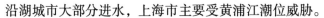

沿湖城市大部分进水，上海市主要受黄浦江潮位威胁。

太湖流域加上江苏省北部的南通市，通称长江三角洲经济区。流域内有上海市和江苏省苏州、无锡、常州三市及浙江省的杭州、嘉兴、湖州三市。

8 举世瞩目的长江水利

8.1 葛洲坝——万里长江第一大坝

葛洲坝水利枢纽工程是我国万里长江上建设的第一个大坝，是长江三峡水利枢纽的重要组成部分。这一伟大的工程，在世界上也是屈指可数的巨大水利枢纽工程之一。水利枢纽的设计水平和施工技术，都体现了我国水电建设的最新成就，是我国水电建设史上的里程碑。

葛洲坝水利枢纽工程位于湖北省宜昌市三峡出口南津关下游约3km处。长江出三峡峡谷后，水流由东急转向南，江面由390m突然扩宽到坝址处的2 200m。由于泥沙沉积，在河面上形成葛洲坝、西坝两岛，把长江分为大江、二江和三江。大江为长江的主河道，二江和三江在枯水季节断流。葛洲坝水利枢纽工程横跨大江、葛洲坝、二江、西坝和三江。

葛洲坝工程主要由电站、船闸、泄水闸、冲沙闸等组成。大坝全长2 595m，坝顶高70m，宽30m。控制流域面积100万 km^2，总库容量15.8亿 m^3。电站装机21台，年均发电量141亿 kWh。建船闸3座，可通过万吨级大型船队。27孔泄水闸和15孔冲沙闸全部开启后的最大泄洪量，为11万 m^3/s。

葛洲坝水利枢纽工程的研究始于20世纪50年代后期，1970年12月30日破土动工，1974年10月主体工程正式施工。整个工程分为两期，第一期工程于1981年完工，实现了大江截流、蓄水、通航和二江电站第一台机组发电；第二期工程1982年开始，1988年底整个葛洲坝水利枢纽工程建成。

葛洲坝水利枢纽工程是在20世纪70年代，我国的水利工程施工和技术装备条件较差的情况下建设实施的。这是一项施工范围和工程量浩大的工程，仅土石开挖回填就达 7 亿 m³，混凝土浇注 1 亿 m³，金属结构安装 7.7 万 t。它的建成不仅发挥了巨大的经济和社会效益，同时提高了我国水电建设方面的科学技术水平，培养了一支高水平的水电建设的设计、施工和科研队伍，为我国的水电建设积累了宝贵的经验。这项工程的完成，再一次向全世界显示了中国人民的聪明才智和巨大力量。

8.2 举世宏伟的三峡水利

为了三峡工程，中华民族经过了几代人、70 余年的构想、勘测、设计、研究、论证。1992 年 4 月 3 日，第七届全国人民代表大会第五次会议审议并通过了《关于兴建长江三峡工程决议》。从此，三峡工程由论证阶段走向了实施阶段。1994 年 12 月 14 日，三峡工程正式开工。

三峡工程是中国、也是世界上最大的水利枢纽工程，是治理和开发长江的关键性骨干工程。三峡工程水库正常蓄水位 175m，总库容 393 亿 m³；水库全长 600 余 km，平均宽度 1.1km；水库水面的面积 163 万亩，它是一座具有防洪、发电、航运等综合效益的特大型水利水电工程。

三峡水利的综合效益

1. 巨大的防洪作用

历史上长江洪灾带给长江流域人民的灾难是沉重的：

1931 年，受灾面积 13 万 km²，淹没农田 5 089 万亩，被淹房屋 180 万间，受灾民众 2 855 万人，死亡达 14.5 万人，估计损失 13.45 亿元。

1935 年，长江中下游洪水灾区 8.9 万 km²，湖北、湖南、江西、安徽、江苏、浙江 6 省份均受灾，淹没农田 2 263 万亩，受灾人口 1 000 万人，淹死 14.2 万人，估计损失 3.55 亿元。

1949 年，长江中下游地区受灾农田 2 721 万亩，受灾人口 810 万人，淹死 5 699 人，估计损失 3.55 亿元。

1954 年，长江中下游受灾农田 4 775 万亩，受灾人口 1 888.4 万人，淹死 33 169 人，被淹房屋 427.7 万间，受灾县市 123 个，京广铁路不能通车达 100 天。

1998 年，全流域性洪水，国家动员了大量的人力、物力，进行了近 3 个月的抗洪抢险，全国各地调用 130 多亿元的抢险物资，高峰期有 670 万群众和数十万军队参加抗洪抢险，但仍有重大损失。湖北、湖南、江西、安徽 4 省溃决水库 1 975 座，淹没耕地 358.5 万亩，受灾人口 231.6 万人，死亡人数 1 526 人。

兴建三峡水利工程的首要目标是防洪。三峡水利枢纽是长江中下游防洪体系中的关键性骨干工程。其地理位置优越，可有效地控制长江上游洪水。经三峡水库调蓄，可使荆江河段防洪标准由现在的 10 年一遇提高到 100 年一遇。如遇千年一遇或类似于 1870 年曾发生过的特大洪水，可配合荆江分洪等分蓄洪工程的运用，防止荆江河段两岸发生干堤溃决的毁灭性灾害，减轻中下游洪灾损失和对武汉市的洪水威胁，并为洞庭湖区的治理创造条件。

2. 巨大的发电量

三峡水电站总装机容量 1 820 万 kW，年平均发电量 846.8 亿 kWh。它将为经济发达、能源不足的华东、华中和华南地区提供可靠、廉价、清洁的可再生能源，对经济发展和减少环境污染起到重大的作用。

3. 良好在航运通道

三峡水库将显著改善宜昌至重庆 660km 的长江航道，万吨级船队可直达重庆港。航道单向年通过能力可由现在的约 1 000 万 t 提高到 5 000 万 t，运输成本可降低 35% ~ 37%。经水库调节，宜昌下游枯水季最小流量，可从现在的 3 000 m^3/s 提高到 5 000 m^3/s 以上，使长江中下游枯水季航运条件也有较大的改善。

三峡水利工程的世界之最

三峡工程是当今世界最大的水利枢纽工程。它的许多指标都突破了我国和世界水利工程的纪录。

1. 三峡工程从首倡到正式开工有 75 年，是世界上历时最长的水利工程。

2. 三峡工程从 20 世纪 40 年代初勘测和 50～80 年代全面系统地设计研究，历时半个世纪，积累了浩瀚的基本资料和研究成果，是世界上前期准备工作最为充分的水利工程。

3. 三峡工程的兴建问题在国内外都受到最广泛的关注，是首次经过我国最高权力机关全国人民代表大会审议和投票表决的水利工程，这在世界上十分罕见的。

4. 三峡水库总库容 393 亿 m^3，防洪库容 221.5 亿 m^3，水库调洪可消减洪峰流量达每秒 2.7 万～3.3 万 m^3，是世界上防洪效益最为显著的水利工程。

5. 三峡水电站总装机 1 820 万 kW，年发电量 846.8 亿 kWh，是世界上最大的电站。

6. 三峡水库回水可改善川江 650km 的航道，使宜渝船队吨位由现在的 3 000t 级堤高到万吨级，年单向通过能力由 1 000 万 t 增加到 5 000 万 t；宜昌以下长江枯水航深通过水库调节也有所增加，是世界上航运效益最为显著的水利工程。

7. 三峡工程包括两岸非溢流坝在内，总长 2 335m。泄流坝段 483m，水电站机组 70 万 kW×26 台，双线 5 级船闸＋升船机，无论单项、总体都是世界上建筑规模最大的水利工程。

8. 三峡工程主体建筑物土石方挖填量约 1.25 亿 m^3，混凝土浇筑量 2 643 万 m^3，钢材 59.3 万 t，金属结构安装占 28.08 万 t，是世界上工程量最大的水利工程。

9. 三峡工程深水围堰最大水深 60m、土石方月填筑量 170 万 m^3，混凝土月灌筑量 45 万 m^3，碾压混凝土最大月浇筑量 38 万 m^3，月工程量都突破世界纪录，是水利施工强度最大的工程。

10. 三峡工程截流流量 9 010m^3/s，施工导流最大洪峰流量 79 000m^3/s，是世界水利工程施工期流量最大的工程。

11. 三峡工程泄洪闸最大泄洪能力 10 万 m^3/s，是世界上泄洪能力最大的泄洪闸。

12. 三峡工程的双线五级、总水头 113m 的船闸，是世界上级数最多、总水头最高的内河船闸。

13. 三峡升船机的有效尺寸为 120m × 18m × 3.5m，总重 11 800t，最大升程 113m，过船吨位 3 000t，是世界上规模最大、难度最高的升船机。

14. 三峡工程水库移民最终可达百万，是世界上水库移民最多、工作也最为艰巨的移民建设工程。

三峡工程建设来之不易

我国的三峡工程围绕着是建、还是不建等众多方面问题，前前后后进行了大量论证、研究等工作，三峡工程建设来之不易。

1. 建设方面的不同声音

在三峡工程论证初期，"先支流后干流"的观点是一个比较强大的反对声音，主要是当时我国的国力有限，修这么大的工程使国家负担太重。还有一个原因是对于在长江上修这么大的大坝没有经验，可以先尝试性地对支流进行开发。修建三峡大坝，可能由于泥沙淤积，会造成航道淤阻。三峡工程会不会成为另一个三门峡？这是论证阶段三峡工程的反对者提出的一个很重要的意见，也是三峡工程面对的一个重要的难题。

知识背景连接——

坐落在黄河上的三门峡水库，是我国在建国初期的时候委托前苏联设计的，由于缺乏经验，修建后，泥沙淤积严重。由于三门峡水利工程在当初论证设计时，对防洪排沙等问题考虑和听取各方意见以及经验上的不足，结果运行后的几十年内水库库区泥沙淤积严重，直接影响了工程的经济和社会效益的发挥。

对泥沙问题，三峡工程在吸取三门峡水库教训和经验的基础

126

上，采取了"蓄清排浑"的方式。就是利用三峡水库巨大的入库水量，通过大坝设有的23个泄洪深孔，在汛期将大量泥沙由深孔泄洪排出库外，汛末水中含沙量降低时，蓄水至175m的正常蓄水位。虽然这一设计可基本解决三峡水库的泥沙问题，但仍保持科学审慎的态度。

为了验证这个设计，相关部门加强了原型观测、模型试验。三峡总公司也投资近两亿元委托长江水文局进行三峡水库至2009年的泥沙冲淤监测项目。

除泥沙问题外，在规划论证过程中，也有好多人提出三峡水库很有可能变成污水池。为此，在实际操作中增加了大量投入，对沿岸的企业进行改造，已取得了很好的效果，而以前这些企业已经习惯了把长江当作"下水道"。2007年5月，长江三峡水环境监测中心的最新评价报告显示：三峡库区的水质达到国家Ⅲ类水质标准，即适用于集中式生活饮用水的地表水源。

为了保证三峡库区是清水，多项三峡水环境保护项目正在推进当中。按照统一规划，2001～2010年政府将投入近400亿元巨资治理三峡库区及其上游水污染。届时，分阶段建设成的150多座污水处理厂、170多座城市垃圾处理厂，将使三峡库区的污水及垃圾处理率达到85%以上。

另一个反映比较大的是三峡库区的移民问题，三峡工程累计搬迁安置移民上百万人，其中外迁16万人。在国家的规划和财力的支持下，我们面对100多万移民，总体上已是很稳定地处理好了。

2. 三峡工程质量非常重要

按照设计要求，三峡大坝必须抵挡万年一遇的长江洪水。巨大的落差和库容压力，要求三峡大坝必须具备钢铁般的质量。大坝不仅关系到三峡防洪、发电、通航等效益的发挥，而且直接关系到下游千百万人民的生命财产安全。因此，工程质量在三峡拥有至高无上的地位。

在2002年初，三峡工程质量检查人员在已建成的三峡左岸大坝共发现浅表层裂缝 79 条。经过专家鉴定，这些裂缝均在设计允许范围之内，不会对大坝安全构成影响。

尽管如此，此消息还是引起舆论哗然。质疑者的声音再次高涨。事实上，三峡左岸大坝出现裂缝，媒体报道数日后，时任国务院总理的朱镕基就来到了三峡工地现场反复强调三峡工程质量的重要性。他甚至用了很严厉的话来批评施工单位："你们是想流芳千古，还是遗臭万年？"

当时在工地现场的一位工程监理人员描述了这样一个细节：视察结束合影时，朱镕基总理让工程监理人员和他并排站在一起。朱总理说，得给监理人员提高地位，让他们上一个台阶。

也正是在此次朱镕基总理考察三峡工程和库区之后，国务院决定成立三峡枢纽工程质量检查专家组，不定期深入工地进行质量检查。由国务院直接派出质量检查专家组，这在重点工程中是绝无仅有的。

3. 三峡工程建设的各种意见从未停止过

三峡工程论证、建设的过程也是我国从计划经济走向市场经济的过程，在这个过程中，中国更加开放，更注重民主和科学，在三峡工程实质上体现了时代的进步。

在我国没有哪一个工程像三峡工程一样遭遇到如此之多的疑虑，即使在三峡大坝全线到顶的前一天，人们提问的大多数问题依然围绕着质疑和争议而展开。

《众志绘宏图——李鹏三峡日记》一书的前言里，我国前任总理李鹏写道，1958 年 1 月，中共中央在南宁召开工作会议，毛主席听取了三峡建设问题的汇报，当时有两种不同的观点，一种观点是主张"先修三峡，后开发支流"；另一种观点主张"先支流，后干流"，理由是三峡工程规模过大，不是当时的国力所能承受的。关于后一种观点，李鹏在 1982 年 12 月 17 日的日记中写道："下午4 时半，万里在人民大会堂 118 厅找我谈话，胡启立也在场。他在谈到三峡工程时说，三峡是个好项目，但目前看来，工程投资太大，尚不具备建设条件。"关于三峡工程所遇到的争论，李鹏也感受到了，他在 1985 年 9 月 24 日就当时的三峡市和三峡工程向国务院提出的报告中指出："当前气氛不顺，硬把三峡问题提出来，造成顶牛局面，对工作也没有好处。不如把工作做透，使之水到渠成。"

1987 年 11 月，湖南科学技术出版社出版了《论三峡工程的宏观决策》一书，为此书作序的是全国政协副主席、著名科学家周培源。他在题为《从总体战略上论证三峡工程》的序言中写道："我们坚决拥护党中央与国务院对三峡工程要重新进行论证的英明决定。但论证的主题不应是就三峡论三峡，单独论证三峡工程蓄水位 150m 或坝高 185m 的问题，而应是论证先开发支流或其他优选方案，还是先建三峡工程以及这一超大型工程是否符合社会主义初级阶段的经济发展战略等宏观决策问题……。"该书的出版被认为是三峡工程论争由高层和专家转向社会扩散并产生更广泛影响的一个标志。

对于三峡工程来说，1992 年是非常关键的一年。1992 年 4 月 3 日，七届人大五次会议审议并通过了《关于兴建长江三峡工程决议》，其中赞成 1 767 票，反对 177 票，弃权 664 票，未按表决器的 25 票。争论了近 40 年之久的兴建三峡工程，在这次人大举行的全体大会上，终于获得通过。

三峡工程从论证转入实施阶段。即使在三峡工程开工之后，各种意见也没有停止。

1993 年 11 月 22 日，国务院在中南海召开座谈会，听取各民主党派人士考察三峡工程的意见。

三峡工程不仅是当今世界上规模最大、移民人数最多，同时也是资金投入最大的水利枢纽工程。如何管理好 2 000 多亿的大额资金，不仅考验着三峡工程管理者的智慧，更是各级审计部门的重点审查对象。

1999 年，重庆市审计局查出丰都县原建委主任、国土局局长黄发祥贪污移民资金 1 600万元的重大案件。2000 年，黄发祥因此而被法院判处死刑。

"过去反对三峡有相当一部分人就讲，说我们建一个工程就倒下一批干部，三峡花两千多亿不知道要倒下多少干部。这些人士的质疑对我们也是一个善意的提醒，尤其是在黄发祥事件发生后，我们采取了很多具体的措施，从目前的情况看进展形势比较好。"国务院三峡工程建设委员会副主任蒲海清说。

我国三峡工程的论证和建设过程的每一步，都伴随着监督意见，而在这个过程中，正是中国走向开放和富强的过程。

4. 三峡工程的国际合作与交流

三峡工程十分重视国际合作与交流，特别是在水轮发电机组、超高压输变电设备、水电施工技术与装备、环境保护、库区经济建设等方面，广泛与国外多家公司建立了合作关系，在大型施工机械设备、大型水轮发电机组、直流高压输变电设备等方面为世界各国的厂商提供了大量的商业机遇。

三峡工程的国际合作，始于 20 世纪的 40 年代。1944 年美国垦务局总工程师萨凡奇博士前往三峡地区考察，并提出了初步方案。50 年代，前苏联派专家组来中国，与长江水利委员会共同研究三峡工程的规划。70 年代末 80 年代初开始，随着中国的改革、开放政策的深入，三峡工程的国际合作进一步广泛开展，与美国、加拿大、意大利、瑞典、比利时、德国、日本和前苏联等众多国家开展了不同形式的合作，包括可行性研究、技术咨询、专题合作研究等，特别是与加拿大签订了科技合作协议，由加拿大政府出资，CIPM 与中方平行编制了三峡工程的可行性研究报告。我国的专家也曾多次赴国外考察高坝、船闸、升船机、水轮机组等，吸取有益的经验。因此，也可以说，三峡工程的伟大建设既是中国的，也是世界的。

三峡水利的移民工程

三峡水利工程建设，涉及库区范围内百万大移民规模和安置难度堪称世界之最，是一项史无前例、没有成功经验可借鉴的系统工程。我国政府经过十年努力，不断对三峡移民政策进行科学的调整，圆满完成二期移民任务。计划到 2009 年三峡工程结束时，还有 40 多万移民需要搬迁安置。到那时，库区主要移民区县，居民储蓄余额增长了 6 倍，社会消费品零售总额增长 3 倍，农民人均纯收入增长两倍多。百万移民的世界性难题将会得到解决。

作为当今世界最大的水利枢纽工程，三峡工程需要动迁移民 113 万人，重建或部分重建两座城市和 11 座县城。百万移民中的难点在于 40 多万农村移民，尖锐的人地矛盾使库区的安置容量十分有限。

我国政府于 1999 年对移民安置做出调整，改变"就地后靠、以土为本"的方针，实施就地安置与异地安置、集中安置与分散安置、政府安置与移民自找门路安置相结合的政策，针对三峡库区移民问题提出了"开发性移民"的新模式。

"开发性移民"是指由政府利用移民经费，开发本地资源，创造出优于过去的生产和生活条件，促进库区经济繁荣，使移民长居久安。

从单纯依靠库区安置到大量外迁，移民搬迁方式的转变使三峡库区正在走出土地容量严重不足的困境。

借移民之机，库区农业模式正在发生变化，已实施的高效生态农业项目有 100 余个。走进三峡库区，一条条新开的梯田种满了脐橙、李子、桃等经济作物，乡镇企业、个体商业星罗棋布。

移民是对库区人观念的巨大冲击，听惯了船工号子的三峡人，普遍存在对故土依依不舍的情结。云阳县首批外迁的一位移民就曾坚持要把一个祖传的水缸带到几千里外的上海市。

观念转换是痛苦的，但观念一旦转换，往往会变成巨大的精神财富。

库区也是目前东部沿海企业在西部投资最多的地区之一。库区企业借搬迁的机遇，打破地域局限与发达地区企业开展了多种方式的合作，库区成为名牌汇集之地。对外开放，正在成为库区社会经济发展的一大主题。

三峡工程与文物保护

三峡工程建设十分重视文物保护工作。为配合文物发掘，三峡总公司两次推迟进场施工时间，抢先完成了坝区的文物发掘工作。在三峡库区移民安置规划中，为了搞好文物保护，从 1993 年开始，全国约 30 个单位的文物保护专业人员对库区的地下和地面文物进行了全面的调查、勘测和小规模的发掘。湖北省、重庆市在国家文物局的监督和指导下进行大规模发掘和保护工作。

经过全国知名文物专家的共同努力，确定三峡工程淹没区和迁建区的文物保护项目计 1 087 处（湖北省 335 处，重庆市 752 处），其中地面文物共 364 处（湖北省 118 处，重庆市 246 处），地下文物共 723 处（湖北省 217 处，重庆市 506 处）。

按照"保护为主，抢救第一"和"重点保护，重点发掘"的原则，针对三峡库区文物的保存形式和状况特点，规划对每一处文物都明确了保护方案，以利实施。如对地下文物，因其价值及埋藏不同而规划采取发掘、勘探和登记建档等不同方案。在发掘中又分具体为 A、B、C、D 四级。对地面文物，分别制定有原地保护、搬迁保护和留取资料等不同的保护方案。

为落实保护措施，国家文物局动员了全国 70 多个有资质的队伍进驻库区，开展文物保护的抢救性发掘，以确保了在 2003 年蓄水前的文物保护项目的完成。许多地方还进一步优化地面文物的保护方案，例如，忠县已确定，将丁房阙、无名阙、老官庙、太保祠、巴王庙五处地面文物集中至白公祠一处，依托白公祠建四贤阁、诗碑林，形成诗文化区、阙文化区、巴文化区、盐文化区和佛教文化区，使宝贵的文化遗产发挥更大的作用。

文物保护的经费得到保证。2001 年底前已累计投入文物保护经费 2.1 亿元，涉及保护项目 533 个，占总项目总数的约 50%。2002 年投入文物保护经费 1 亿余元。

经过努力，三峡地区文物保护工作，取得了一批重要成果：整个三峡地区的考古文化编年正逐步廓清，该区域长期以来的考古空白正得到填补，发现了距今 4 000 ~ 7 500 年的史前考古学文化发展脉络，获取了一批探索古代巴文化起源、分布以及巴与蜀、楚关系的重要资料，对汉、唐时期三峡地区文化遗存有了新的认识。

巫山县 204 万年以前的龙骨坡遗址的发掘及其"巫山人"的问世，在国内外引起了强烈反响，1998 年 9 月 26 日在巫山县举办了"龙骨坡人类国际研讨会"，在该地修建了"龙骨坡巫山古人类研究所"，推动了文物保护的研究工作。

8.3　三峡工程试运行良好

三峡工程首次拦蓄洪水

2007 年以来长江最大洪峰抵达三峡坝区，7 月 30 日 12 时起，经过 14 年持续建设的三峡工程首次开始发挥防洪功能，为长江中下游拦蓄洪水。

2007 年 7 月 30 日以来，长江上游连续降雨，30 日 8 时，三峡入库流量达到 51 000 m^3/s，三峡库区形成一次明显的快速涨水过程。

长江防洪抗旱总指挥部 2007 年 30 日上午签发调度令，要求中国三峡总公司于 30 日 12 时起，对三峡水库按 48 000 m^3/s 的流量控制下泄。

这是 2007 年入汛以来，长江防总第四次对三峡工程发布调度令。前 3 次长江洪峰，三峡水库下泄流量均大于或等于入库流量，没有通过抬升水位拦蓄洪水。

据中国三峡总公司梯级调度中心预报，2007 年 31 日 8 时，三峡入库流量将达到本次洪峰最高值 56 700 m^3/s，随后入库流量将逐渐回落，但大流量的时间将持续 2 ~ 3 天。

三峡梯级调度中心有关负责人说："三峡大坝已开启 18 个泄洪深孔，执行调度令。随着滞洪错峰的进行，三峡坝前水位将可能持续上涨，在 144m 汛限水位以上运行，三峡大坝的安全将经受考验。"

至 2007 年 30 日 18 时，三峡坝上水位为 144.07m。

据三峡 2007 年度汛方案，三峡水库汛期限制水位为 144m，这相对三峡工程目前所能蓄到的最高水位 156m，能腾出约 68 亿 m^3 的防洪库容。

三峡水库能解决好泥沙问题

中国科学院院士、中国工程院院士潘家铮在 2007 年 11 月 27 日国务院新闻办举行的新闻发布会上表示，三峡水库试行中虽然蓄水还没有到达最后的水位，运营的时间也比较短，泥沙的影响将仍然需要长期监测，但是，三峡水库经过几十年的运行，达到平衡的时候，它的有效库容绝大部分都能够保留下来，三峡水库是淤不满的，这个目标一定能够实现，三峡水库绝对不会成为第二个三门峡水库。

三峡工程建设委员会副主任、中国长江三峡工程开发总公司总经理李永安介绍，2003 年 6 月至 2005 年 10 月，三峡实际入库（清溪场站）悬移质泥沙 6.26 亿 t，出库（黄陵庙站）悬移质泥沙 2.51 亿 t。不考虑三峡库区区间来沙，水库淤积泥沙 3.75 亿 t，水库排沙比为 40%，来沙情况和排沙情况均优于设计预期。

李永安分析认为，据三峡工程泥沙专家组的分析，来沙减少主要有 4 个方面的原因：一是干流上游或支流上的水利工程拦沙、减沙作用；二是长江上游被列入全国水土保持重点区，经过数十年的综合整治，水土保持工作取得了重大成果，有了明显减沙作用；三是长江上游暴雨与强产沙区重合较少；四是人工挖沙的减沙作用。

三峡库区对环境影响微小

近年来，重庆市的气候出现了异常，例如，2006 年是百年难遇的大旱，2007 年是百年难遇的洪水，有一种说法：重庆市的气候异常和三峡工程有关。对此，中国长江三峡工程开发总公司总经理李永安表示，三峡库区对重庆市的大雨没有影响。

近几年，库区发生水旱灾害，跟踪研究表明，这应该是在全球气候变化的背景下发生的。根据气象专家的分析，主要的原因来自于大气的影响，三峡库区的影响是非常有限的，对气候的影响不超过10km，对温度的影响不超过1℃。至于今年重庆市发生的大暴雨，根据卫星云图的监测，这场暴雨的形成是在上万米的空间范围内形成的，三峡大坝只有185m，所以对重庆市的这场大雨没有影响。

国家将会拨付专项的国债资金，在库区建设50多座污水处理厂和40多座垃圾处理厂。三峡工程的水质问题将会得到有效地治理。

9　古老黄河正焕发着新的生机

9.1　黄河治理60载

从1946~2006年，我国人民治理黄河走过了60年的路程，书写了黄河治理史上的灿烂篇章，铸就了"除害兴利、造福人民"的巍巍丰碑。这60年是见证黄河由泛滥到安澜，黄河流域人民由贫穷到小康的发展史，是探索人类与自然从对立走向统一，从对抗走向和谐的实践史，是闪耀着中华民族坚韧不拔、自强不息伟大精神的奋斗史。

黄河，这条养育了中华民族，又曾给中华民族带来深重灾难的河流，在安澜60年后，开始进入一个"人水和谐"的新时代。

"黄河平、天下宁"，从古至今，黄河治理都是治国兴邦的一件大事，黄河安危，事关大局。

"善淤、善决、善徙"是黄河的特性，一旦决口，洪水可北抵京津、南达江淮，历史上黄河决口1 590次，改道26次，水患所至，黄沙扑空城，人或为鱼鳖。

历史上，为了把黄河治好，有为君主宵衣旰食，河工百姓舍死忘生。一部治黄史，就是民族的奋斗史、智慧史。

雄才大略的汉武帝曾亲率数万士兵堵黄河决口，并写下《瓠子歌》，记录了堵口情况和具体办法。而最早提出"以人治河，不若以河治河"主张的则是明代河南虞城的一位秀才，开创了一代治河新思想。"报卒骑羊如骑龙，黄河万里驱长风"如实记录了清代黄河汛兵乘羊皮筏舟报汛，与洪水上演"生死时速"的情景。

黄河洪水来临之时，人民万众一心、团结抗争；在黄河缺水断流之际，人们忧患反思。1998年，黄河断流日益加剧，中国科学院、中国工程院163名院士联名呼吁：拯救黄河。黄河水利委员会主任李国英说，这几年，温家宝同志曾多次叮嘱他，要确保黄河不断流。

在实施黄河水量统一调度后，黄河已7年没断流。为了进一步保护、管理好宝贵的黄河水资源，2007年8月1日，国务院《黄河水量统一调度条例》正式实施，这是我国第一部关于大江、大河流域水量管理调度的立法。

1. 黄河治理要尊重自然

新中国成立以来，黄河大堤已4次整修，土方量相当于15座万里长城。

过去，黄河干流上没有一座水库，如今，从青海龙羊峡到河南小浪底，18座水库如18颗明珠缀在黄河上。目前黄河水库仅发电装机容量就达1 700多万kW，还在防洪、灌溉、供水中发挥了巨大作用。

历史上受黄河水害最重的下游两岸大地，如今成了受黄河惠泽最厚的地区，每年有100多亿 m^3 黄河水滋润着3 900多万亩农田，成为我国最大的农业自流灌区。

目前，黄河以占全国2.2%的天然径流量，滋养着全国12%的人口，灌溉着全国15%的耕地，还为沿岸50多座大中城市供水，并支撑着流域内石油、煤炭等工业。

在这60年间，由于认识的局限性，人民治黄也走过不少弯路，积累经验的同时也累积了不少的教训。

1960年，黄河干流上第一座水库三门峡下闸蓄水，出库的黄河水变清了。但黄河毕竟是黄河，蓄水仅一年半，就有15亿t泥沙淤积库区，回水倒灌关中平原，危及西安市。当时，西安市一位专家说："不久，我们就可以坐在西安城楼上，用黄河水洗脚。"

在三门峡水库修建的同时，黄河下游也规划了7座拦河大坝，当时人们认为，三门峡一修，黄河变清了，可以放开手脚利用黄河水了。由于三门峡改变运用方式，两座建成的大坝被炸，正在建设的三座大坝下马。

三门峡水库建设中留下的遗憾，为我国黄河泥沙问题研究提供了教材，三门峡的经验教训，为小浪底水库的兴建及运用方式的设计奠定了基础，小浪底建设成功地解决了泥沙淤积问题。

2. 人水和谐治黄河

在科学发展观思想指导下，2004年，黄河水利委员会首次提出了"维持黄河健康生命"这一黄河治理与开发的最高目标，要彻底遏制当前黄河整体河情不断恶化的趋势，使之恢复到一条河流应有的健康标准。

在"人水和谐"的治河理念下，黄河水利委员会开展了一系列前所未有的重大实践。通过全河水量统一调度，黄河已连续7年不断流；连续5年的调水调沙，冲走了下游河道3.8亿t泥沙，河道生态系统恶化的趋势被遏制。

黄河，中华民族的母亲河。历经160万年的沧桑巨变后，在以科学发展观统领下的社会主义现代化建设新时期，一定会焕发青春，安澜无恙、奔流不息。

知识连接——黄河的形成

黄河形成的两种说法

之一，最近，我国地理科学家在研究青藏高原形成的课题中，重现了我国著名的文明摇篮黄河形成的过程和情景，首次向人们揭示了100多万年前地球造山运动中惊人的一幕。

在距今160万年左右，青藏高原在一次猛烈惊人的抬升运动中，跃然升出地面，其他板块边缘发生断裂褶皱，形成阶梯状地貌，原来广泛分布的湖泊汇集成河。一条由湖泊汇集而成的大河随之奔腾而下，形成地质构造史中惊心动魄的一幕。

科学家介绍，黄河在形成前，青藏高原及其甘肃一带普遍在海拔1 000 m以下，地貌起伏微弱，河流湖泊交替；距今247万年左右，高原海拔上升到2 000 m以上，山地起伏增大，形成新的湖泊地貌；距今160万年左右，断裂起伏呈脉冲式增强，古湖泊湖水下切，形成一条浃浃巨川，成为今天著名的中国第二大河，此时的黄河还没有今天的长度，其水流以银川盆地为归宿，呈扇形分布。黄河形成后每年携带大量的泥沙在下游淤积，形成后来肥沃的华北平原。

之二，据地质演变历史的考证，黄河是一条相对年轻的河流。在距今 115 万年前的晚、早更新世，流域内还只是一些互不连通的湖盆，各自形成独立的内陆水系。此后，随着西部高原的抬升，河流侵蚀、夺袭，历经 105 万年的中更新世，各湖盆间逐渐连通，构成黄河水系的雏形。到距今 10 万年至 1 万年间的晚更新世，黄河才逐步演变成为从河源到入海口上下贯通的大河。

黄河的特点

黄河与我国其他江河相比，有几个显著特点：

一是水少沙多。黄河多年平均天然年径流量 580 亿 m^3，相当于长江的 1/17，仅占全国河川径流总量的 2%，居我国七大江河的第四位。流域内人均水量 593m^3，为全国人均水量的 25%；耕地亩均水 324m^3，仅为全国耕地亩均水量的 17%。黄河上中游水土流失十分严重，造成下游河道严重淤积，河床平均每年抬高约 10cm。黄河三门峡站多年平均输沙量约 16 亿 t，平均合沙量为 35kg/m^3，在大江、大河中名列第一，在世界江河是绝无仅有的。如果把 16 亿 t 泥沙堆成高、宽各 1m 的土堤，其长度为地球到月球距离的 3 倍，可以绕地球赤道 27 圈。"跳进黄河洗不清"的说法，也就是由形容黄河泥沙多而来的。同时，黄河泥沙颗粒很细，有时河水甚至呈泥浆状态，沾在身体上还真不易洗净。

二是水、沙时空分布不均。黄河水量的 60% 来自兰州以上，秦岭北麓，90% 以上的泥沙主要来自河口镇至龙门区间与泾河、北洛河及渭河上游地区。全年 60% 的水量和 80% 的泥沙量集中来自汛期，汛期又主要集中来自几场暴雨洪水。这种水少沙多，水、沙分布的集中性，给开发利用黄河水资源和下游防洪，增加了很大的难度。

三是地上悬河。由于长期泥沙淤积，目前黄河下游堤防临背悬差一般 5～6m。滩面比河南省新乡市地面高出约 20m，比开封市地面高出约 13m，比济南市地面高出约 5m。悬河形势险峻，洪水威胁成为国家的心腹之患。

四是洪水灾害频繁。从先秦时期至民国年间的 2 500 多年中，黄河下游共决溢 1 500 余次，大的改道 26 次，平均三年两决口，百年一改道，北抵天津，南达江淮，洪水波及范围达 25 万 km²，给人民生命财产造成惨重损失。同时黄河洪水挟带大量泥沙，淤塞河道，良田沙化，给环境造成的破坏性影响，长期难以恢复。由于洪水灾害频繁，历史上黄河洪水被称为"中国之忧患"。

黄河三角洲的演变

黄河三角洲地区有丰富的石油资源，人口稠密，经济发达。黄河三角洲的开发利用在我国的国民经济中具有重要意义。

黄河三角洲的淤积扩展与黄河来水来沙以及入海流路的变化有着密切的关系。黄河利津站 1990～1998 年平均年输沙量为 4.14 亿 t，为近 50 年来最少的时期。特别是 20 世纪 90 年代中期以来的断流，使黄河三角洲的发展大大减少，甚至出现负增长。

根据黄河水利委员会山东河务局资料，1992 年 9 月到 1996 年 10 月平均年净淤进 13km²，其中 1996 年 6 月到 1996 年 10 月净淤进 21.89km²；1996 年 10 月到 1997 年 10 月净淤进为 10.44km²；1997 年 10 月到 1998 年 10 月净淤进 10.89km²。

9.2 黄河上的水利工程

万里黄河18坝

黄河是我国第二大河，全长5 464km，1960年建成的三门峡大坝是万里黄河第一坝，目前黄河干流上已建成18座大坝，有7座在建。黄河上的拦河水利枢纽集中在上游和中游河段，由于下游是"地上悬河"，没有拦河大坝。

黄河干流水电资源仅次于我国长江，水力资源理论蕴藏量为2 973万kW，居全国江河第二位。其中黄河上游青海龙羊峡至宁夏青铜峡河段为水电资源富集区，发电总装机容量可达1 600万kW。目前，黄河上游已建成水利枢纽14座，除位于河套平原上的内蒙古三盛公枢纽以灌溉为主，其余均以发电为主要目标。

黄河流过黄土高原时，含沙量剧增，河水由清变浑，虽然部分河段水电资源蕴藏丰富，但开发有一定难度。黄河中游河段已建成万家寨、天桥、三门峡、小浪底4座大中型水利枢纽，主要功能是对黄河水沙进行调节、防御大洪水和保障缺水地区供水。小浪底是黄河中游最大的水利枢纽，兼有防洪、减淤、供水、发电等多种功能，库容排在龙羊峡之后，是黄河上第二大水库。

从上下游位置来看，龙羊峡大坝是黄河大坝的"龙头"，小浪底大坝是"龙尾"。2006年11月7日，小浪底水库下游的西霞院工程将进行截流，黄河上将新添一座大坝。

一些专家指出，黄河上的水利枢纽在发电、灌溉、防洪、防断流等方面发挥了重要作用，但也对黄河径流规律造成了一定影响。黄河上游龙羊峡、刘家峡水库建成运用后，黄河内蒙古河段流量大幅减少，河床在过去十多年中"蹿"高了2m多，已成为继下游河南、山东段后又一"地上悬河"。

黄河小浪底

小浪底水利枢纽是黄河干流三门峡水库以下唯一能够取得较大库容的控制性工程，既可较好地控制黄河洪水，又可利用其淤沙库容拦截泥沙，进行调水、调沙运用，减缓下游河床的淤积抬高。

小浪底工程 1991 年 9 月开建，1994 年 9 月主体工程开工，1997 年 10 月截流，2000 年 1 月首台机组并网发电，2001 年底主体工程全面完工，历时 11 年。共完成土石方挖填 9 478 万 m³，混凝土 348 万 m³，钢结构 3 万 t，安置移民 20 万人，取得了工期提前，投资节约，质量优良的好成绩，被世界银行誉为与发展中国家合作项目的典范，在国内外赢得了广泛赞誉。

小浪底工程被国际水利学界视为世界水利工程史上最具挑战性的项目之一，技术复杂，施工难度大，现场管理关系复杂，移民安置困难多。

主体工程开工不久，即出现泄洪排沙系统标（二标）因塌方、设计变更、施工管理等原因造成进度严重滞后，截流有可能被推迟一年的严峻形势。

截流以后，承包商又以地质变化、设计变更、赶工、后继法规影响等理由，向业主提出巨额索赔。面对各种各样的困难，小浪底工程建设者以高度的主人翁责任感，强烈的爱国主义情怀，沉着应对，奋勇拼搏，创造性地应用合同条款，组织由国内几个工程局组成的联营体以劳务分包的方式，承担截流关键项目的施工，用 13 个月时间，抢回被延误的工期，实现了按期截流；在上级部门的支持下，精心准备，艰苦谈判，通过协商处理了全部索赔，使工程投资控制在概算范围以内，取得了工程建设的重大胜利。

小浪底工程在国家改革开放和经济体制由计划经济向市场经济转轨时期兴建，进行了广泛深入的国际合作和建设管理体制创新，引进、应用、创造了新的设计和施工技术，取得了巨大成就。

9.3 "调水调沙"治黄新举措

"调水调沙"治黄新理念

调水调沙，是在充分考虑黄河下游河道输沙能力的前提下，利用水库的调节库容，对水沙进行有效的控制和调节，适时蓄存或泄放，调整天然水沙过程，使不适应的水沙过程尽可能协调，以便于输送泥沙，从而减轻下游河道淤积，达到冲刷或不淤的效果，实现下游河床不抬高的目标。

中国调水调沙治黄思想的形成，经历了一个较长的过程。20世纪60年代三门峡水库泥沙问题暴露以后，有人提出利用小浪底水库进行泥沙反调节的设想。70年代后期，随着"上拦下排"治理黄河方针局限性的显露以及三门峡水库的运用实践，人们更深刻地认识到黄河水少沙多、水沙不平衡对黄河下游河道淤积所起的重要作用，再一次提出了调水调沙的治黄指导思想，设想在黄河上修建一系列大型水库，实行统一调度，对水沙进行有效的控制和调节，变水沙不平衡为水沙相适应，更好地排洪、排沙入海，从而减轻下游河道的淤积甚至达到不淤。

由于小浪底水库在黄河上所处的关键位置，经过专家学者反复的论证，决定先建设小浪底水库，进行调水调沙的实践。小浪底工程建成后，经过多种运行方式的研究和实践，已发挥调水调沙的作用。

黄河的主要症结在于泥沙，水少沙多，水沙不平衡。黄土高原严重的水土流失，造成大量泥沙在黄河下游强烈堆积，使河床以年平均0.1m的速度淤积抬高，成为地上悬河，一般下游河床高出地面3~5m，个别地段达到10m。

在长期的黄河治理实践、特别是三门峡工程的运用实践中，人们进一步认识到，在黄河上修建一系列大型水库，实行统一调度，对水沙进行有效的控制和调度，对减缓下游河道淤积，实现河床不抬高的目标，进而谋求黄河的长治久安，具有十分重要的作用。因此，利用小浪底水库进行调水调沙的治黄指导思想，进行调水调沙试验是实践这一思想的伟大尝试。

调水调沙有利于延长水库使用寿命

2007年的黄河第三次调水调沙试验证明，通过塑造人工异重流有效减少小浪底库区的泥沙淤积，小浪底水库原设计的50亿 m^3

有效库容无形中得到扩大，将大大延长该水库拦沙的使用时间。

近年来，按照治水理念和思路，坚持科学的发展观，为有效减少水库淤积进行了不断的探索，通过各种有效手段减少水库和河道淤积，从 2002 年起，黄河先后进行了 3 次调水调沙试验，初步估算减少小浪底水库和下游河道泥沙淤积大约 2.5 亿 t，试验成效明显。

黄河调水调沙试验证明，通过科学调度黄河干支流水库群，可以使小浪底水库设计平衡纵剖面以上长期有效库容内淤积的部分，通过调水调沙在适当的时机冲刷下移至坝前或有计划地排出库外，在小浪底水库拦沙初期乃至中期，相当一部分有效库容可以重复利用，大大地增强了小浪底水库运用的灵活性，也将大大延长小浪底水库的使用寿命。

技术名词注释——人工异重流

"异重流"是一种壮观而奇特的景象，是黄河等高含沙河流特有的水流形式，当高含沙水流进入水库遭遇库区内的清水之后，由于密度差而潜入清水底部运行的一种现象。当浑水与清水碰头时，还会出现上层清水倒流，浑水沿河底向坝前演进的奇特水文现象。黄河异重流首次出现于 20 世纪 60 年代的三门峡水库，2001 年 8 月小浪底水库也开始出现异重流。人工异重流就是利用"异重流"的特征规律，而人为利用工程措施实施的排水、排沙效果。

黄河 6 次调水调沙成效显著

2007 年 6 月 19 日，黄河小浪底大坝观水台，游客在感受"黄河之水天上来"的意境。当日 10 时 30 分，黄河小浪底大坝 2 个排沙洞同时开启，放水量达到每秒 2 600 m³，形成壮观的巨瀑景观，黄河第六次调水调沙正式开始。

此后小浪底水库及其下游 16km 处的西霞院水库下泄流量逐日

增大，2007 年至 6 月 23 日控制花园口流量以每秒 3 800 m^3 下泄，平均下泄流量是历年来最大的一次。在 12 天的调水调沙期间，黄河万家寨、三门峡、小浪底、西霞院 4 座水库将进行联合调度，将黄河下游 6 000 万 t 泥沙推送入海，继续扩大黄河下游主河槽的过流能力。

经过 5 次调水调沙，黄河主河槽过流能力已由每秒 1 800 m^3 恢复到每秒 3 500 m^3，今后将继续进行调水调沙生产运用，力争将黄河主河槽过流能力恢复到每秒 4 000 m^3。

由于对黄河水量统一调度后，黄河下游摆脱了断流的梦魇，而调水调沙又将黄河泥沙大量送入河口，黄河三角洲近年来蚀退面积与新增面积保持了基本平衡。

黄河调水调沙让黄河拥有健康的生命。

9.4 惊世之作——我国的南水北调工程

南水北调实现水资源异域跨越的伟大设想

毛泽东同志在 1952 年 10 月视察我国的大江大河时，提出了一个伟大的设想"南方水多，北方水少，如有可能，借点水来也是可以的"。从此，一个前所未有的伟大工程开始孕育，并付于实施，这就是与长江三峡水利工程比肩的又一个惊世之作——南水北调工程。

在党中央、国务院的领导和关怀下，广大科技工作者持续进行了 50 年的南水北调工作，做了大量的野外勘查和测量，在分析比较 50 多种方案的基础上，形成了南水北调东线、中线和西线调水的基本方案，并获得了一大批富有价值的成果。

南水北调总体规划推荐东线、中线和西线三条调水线路。通过三条调水线路与长江、黄河、淮河和海河四大江河的联系，构成以"四横三纵"为主体的总体布局，以利于实现我国水资源南北调配、东西互济的合理配置格局。

东线工程：利用江苏省已有的江水北调工程，逐步扩大调水规模并延长输水线路。东线工程从长江下游扬州市抽引长江水，利用京杭大运河及与其平行的河道逐级提水北送，并连接起调蓄作用的洪泽湖、骆马湖、南四湖、东平湖。出东平湖后分两路输水：一路向北，在位山附近经隧洞穿过黄河；另一路向东，通过胶东地区输水干线经济南输水到烟台、威海。

中线工程：从加坝扩容后的丹江口水库陶岔渠首闸引水，沿唐白河流域西侧过长江流域与淮河流域的分水岭方城垭口后，经黄淮海平原西部边缘，在郑州市以西孤柏嘴处穿过黄河，继续沿京广铁路西侧北上，可基本自流到北京、天津两市。

西线工程：在长江上游通天河、支流雅砻江和大渡河上游筑坝建库，开凿穿过长江与黄河的分水岭巴颜喀拉山的输水隧洞，调长江水入黄河上游。西线工程的供水目标主要是解决涉及青、甘、宁、内蒙古、陕、晋等 6 省（自治区）黄河上中游地区和渭河关中平原的缺水问题。结合兴建黄河干流上的骨干水利枢纽工程，还可以向邻近黄河流域的甘肃河西走廊地区供水，必要时也可向黄河下游补水。

规划的东线、中线和西线到 2050 年调水总规模为 448 亿 m^3，其中东线 148 亿 m^3，中线 130 亿 m^3，西线 170 亿 m^3。整个工程将根据实际情况分期实施。

南水北调穿越黄河的中线工程

河南省郑州市以西 30 多 km 的李村，就是被誉为人类历史上最宏大的调水穿越大江大河工程——南水北调中线穿越黄河工程的施工地。登高远望，九曲黄河蜿蜒奔涌、拍石击岸，浩浩荡荡昂首东去。

亘古未有的壮举——南水北调中线干渠，将从此处穿越黄河。地上地下，一清一浊，中华民族两条奔涌千年的母亲河——黄河与长江，将在这里实现创世纪立体交汇。

全长 4km 多的穿黄隧洞，是中线工程的关键性控制工程，举世瞩目。

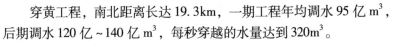

　　穿黄工程，南北距离长达 19.3km，一期工程年均调水 95 亿 m³，后期调水 120 亿～140 亿 m³，每秒穿越的水量达到 320m³。

　　黄河水流，在郑州市段河势呈现出非常典型的游荡性，不同年份河道主槽在左右岸之间来回移动，地质条件复杂，水流的变化和泥沙的淤积也此起彼伏。要穿越这样一段河流，既保证输水质量又最大限度地减少技术难度，既让黄河不影响调水水质，又不让工程影响原有的河势和生态，世界级的工程诞生了世界级的难题。

　　从一开始，穿黄工程就有地上渡槽"飞渡"和地下隧洞"穿越"两个不同的设计方案。采用任何一种方式穿黄，跨度之长、难点之多，都为迄今国内水利工程之少见。

　　在将近 10 年的技术论证过程中，过河方案优先考虑的是安全性、技术可行性和经济性。隧洞穿黄方案，不影响黄河河道走势，抗地震特性优越，且施工机械、技术成熟，最先赢得了国家有关部门的初步认可。经过综合论证，2003 年 5 月，水规总院组织部分工程院士和专家签署审查意见，"经综合比选，隧洞方案相对更为合理，可以在下阶段中作为推荐方案"。

　　按照穿黄工程采用的"双线隧洞方案"，清澈的丹江水从丹江口水库一路向北，在黄河岸边扎一个猛子，在隧洞的保护下从地下穿越黄河。两大江河之水，各自吟唱，不相惊扰。

　　从黄河地下穿越的隧洞，面对的不仅仅是外部黄河水和河床对隧洞外层形成的压力，穿黄隧洞内每秒 320m³ 的输水量，左右岸渠道与隧洞几十米落差所形成的内部高压，也会给隧洞内层施加一股向外的胀力。针对这种独一无二的双重压力条件，长江设计院开创性地设计了内外两层衬砌的双层隧洞，两层衬砌分别应付内外的压力。这种结构形式在国内外均无先例，在采用盾构法施工的过河隧洞设计中，举世罕见。

　　南水北调这项恩泽后世的工程，从提出、论证、规划到立项开工，历经 50 载沧桑，先后参与规划设计者数以万计，寄托了几代中国水利人的美好夙愿。

中线穿黄工程建成后，将使千载奔流的长江水，历史性地滋润华北干渴的土地，浇灌北方的京津地区与经济发达的长江中下游地区。中华民族两条奔涌千年的母亲河——黄河与长江，将在这里实现创世纪交汇，长江、黄河儿女将携手同饮一江水。

南水北调中线水土保持工程

湖北省的丹江口水库是南水北调中线工程的水源地，其水质的好坏直接关系到中线工程受水区的供水安全。目前，从丹江口库区周边到汉江、丹江源头，从干流两岸到左右岸支流，都不同程度地存在水土流失问题，水土流失面积占总面积的比例已超过了长江上游，2010年后，水库的水将经过中线干渠输送给沿途20多个大中城市直至北京。如何保证丹江口水库的水质安全，实现"一江清水送北京"，成为社会普遍关注的焦点。

1. 保水质安全，水土保持先行

"先节水后调水，先治污后通水，先环保后用水"是南水北调的基本原则。治理水质污染的关键是防治水土流失。

2007年10月11日，丹江口库区及上游水土保持工程正式启动。工程将全面开展预防监督、综合治理和生态自然修复，加强滑坡、泥石流预警系统建设和水土保持监测网络体系建设，为稳定和维护南水北调中线工程优良水质奠定牢固的生态基础。

2. 三道防线保"一江清水"

南水北调水土保持工程总体规划中提出了"三道防线"的治理思路，即"生态缓冲防线"、"综合治理防线"和"生态自然修复防线"。

"生态缓冲防线"主要是建设库周水生植被带，保护湿地。

"综合治理防线"主要是开展以小流域为主的综合治理，建设稳产高产农田，发展果园和经济果林，同时修建小型农田水利设施。

"生态自然修复防线"则是以沼气、电气替代薪柴，全面封禁山林，让大自然实现自我修复。

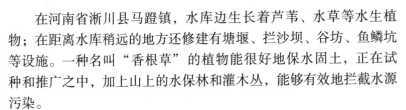

在河南省淅川县马蹬镇，水库边生长着芦苇、水草等水生植物；在距离水库稍远的地方还修建有塘堰、拦沙坝、谷坊、鱼鳞坑等设施。一种名叫"香根草"的植物能很好地保水固土，正在试种和推广之中，加上山上的水保林和灌木丛，能够有效地拦截水源污染。

水土保持不仅意味着保护水质，送上"一江清水"，而且在恢复生态、发展农业等方面将给库区人民带来实实在在的好处。

在陕西省白河县中厂镇石梯村，约60℃的陡坡上栽种着一棵棵半人高的树苗，多年的滑坡体上已经出现了一片绿色，山脚下5～6级石坎垒起来的石坎梯田里栽种着庄稼，河边长长的护田堤修筑得十分平整。

水土保持工程带动的封山育林和以煤、气代柴等措施，可大大减少对植被的破坏，加快林草植被恢复。同时，通过发展水保林和经济果林，实行"坡改梯"，可以改善农业生产条件，进一步实现农业增产和农民增收。

3. 尽早建立供水地区补偿机制

为护住这"一江清水"，丹江口水库及上游地区的群众付出了很大代价。沿岸县市关停了一大批工业企业，全面实施了封山禁牧，水产养殖也被严格限制。

为提高库容，增强供水能力，丹江口水库的水位将从162m上升到176.6m，届时会有一部分土地被淹没。

水土保持是一个系统工程，需要平衡兼顾到供水区和受水区双方的利益，对水源区进行生态补偿，建立一个科学、长效的供水机制。国家将建立科学的生态补偿机制，出台优惠政策，扶持地方加快产业结构调整，保证"一江清水"的可持续供应。

国务院参事访问黄河水利委员会

黄河的最大症结是"水少、沙多，水沙关系不协调"，解决的措施是"增水、减沙，水沙调控"。黄河水沙关系不协调的特点，决定了黄河水资源配置不但要考虑水的因素还要特别重视泥沙问题。因此，在黄河上修建骨干水利工程，首先要考虑其在水沙调控体系中的作用，待建的古贤、碛口、大柳树水利枢纽都是如此，规划的大柳树水库在黄河水沙调控体系中具有承上启下的重要作用，对宁蒙河段防凌防洪也将发挥很大作用。

黄河水利委员会正在开展黄河水资源综合规划，到 2030 年，黄河天然径流量将减少 60 亿 m³ 左右，GDP 将增加 5~6 倍，水资源供需矛盾将更加尖锐，在充分考虑节水的前提下，缺水将超过 100 亿 m³，只能靠南水北调解决。考虑到工程的艰巨性，必须加快南水北调西线一期工程前期步伐，未雨绸缪。

针对这些关键而又重大的问题，2007 年 9 月 20 日，国务院 5 位参事访问黄河水利委员会，就黄河流域水资源合理配置等情况与参事进行了座谈，并参观了黄河水量总调度中心。

来访的国务院参事王秉忱、吴学敏、沈梦培、王静霞、车书剑，他们此行调研关注和了解的重点是，黄河流域水资源合理配置情况、在黄河上修建大型水库的作用及对生态的影响和黄河流域城乡饮水安全问题。

近几年，黄河水利委员会进行水资源管理和调度时，在最大限度地促进节约用水，尽可能满足经济社会发展用水的同时，千方百计保证河流生态用水，以维持黄河健康生命。

针对有关饮水安全问题，黄河水利委员会在新一轮流域综合规划修编中将专门列出专题研究，针对黄河流域城乡供水中存在的问题提出对策和措施。同时，2007 年新成立了黄河防汛抗旱总指挥部，增加了抗旱职能，今后黄河水利委员会在这方面将更有作为。

知识连接——国务院参事室及参事

国务院参事室是国务院的直属机构，是政府中唯一以民主党派和无党派爱国人士为主体的，具有统战性、咨询性的工作部门。全国绝大多数省份和有关省辖市均设置有参事室，连同国务院参事室和中国人民银行参事室，目前全国政府共有参事室41个，参事1 000余人。

　　政府参事由国务院总理和地方最高行政首长任命（聘任），年龄一般在60岁左右，大多是有影响、有代表性、有参政议政能力的爱国民主人士。他们在政府内以个人身份，通过"直通车"的方式反映社情民意，直接参政议政，建言献策，咨询国事，开展统战联谊工作，为推进我国的社会主义民主政治建设，为加强政府决策的科学化、民主化做出了积极的贡献。参事工作把维护中国最广大人民的根本利益作为工作的出发点和落脚点。坚持以经济建设为中心，不断推进中国先进生产力的发展，为深化改革和扩大开放服务；坚持四项基本原则，不断发展社会主义民主政治，建设社会主义政治文明，为社会主义政治制度的自我完善和发展服务；坚持弘扬和培育民族精神，不断发展中国特色社会主义先进文化，为建设社会主义精神文明服务。

10 新时期中国水利成就及谋划

10.1 水利发展蒸蒸日上

"十五"期间我国水利硕果累累

"十五"期间我国各项水利建设取得丰硕成果，水利事业蒸蒸日上，水利在构建社会主义和谐社会、支撑经济社会可持续发展中发挥了重要作用。

在2001～2005的5年间，我国的大江、大河防洪能力显著提高，防汛抗旱取得重大胜利；全面完成农村饮水解困任务，启动农村饮水安全工程；农村水利基础设施得到加强；水资源利用效率大幅度提高；水保生态建设目标如期完成；农村水电空前发展。水利建设成就斐然。

1. 投资规模为历次5年计划之最

全国水利建设累计完成固定资产投资3 625亿元，占"十五"计划目标的80%。在历次5年计划中，投资规模最大，完成情况最好。"十五"水利建设投资相当于1949～2000年全国水利固定资产投资的总量，比"九五"增加1 492亿元。5年中央水利建设投资为1 695亿元，占总投资的46.8%。其中预算内投资为428亿元，占25.3%；国债投资1 239亿元，占73.1%；利用外资27.5亿元，占1.6%。

2. 水利建设投资重点不断调整

适应国家发展的总体战略部署，按照部党组治水新思路，水利建设投资重点不断调整。

一是更加重视水资源工程建设。全国水利固定资产投资中，用于水资源工程的占29.7%，比"九五"高19.7%。

二是更加重视统筹流域、区域水利发展。5年中央水利投资在

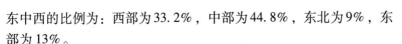

东中西的比例为：西部为33.2%，中部为44.8%，东北为9%，东部为13%。

三是更加重视农村水利设施建设。5年中央安排农村水利建设投资达620亿元，占中央水利投资总规模的36.6%，比2000年高10个百分点。

四是更加重视水利行业能力建设。中央水利投资用于水利行业能力建设的投资达到58亿元。

3. 大江、大河防洪能力显著提高

大规模水利投资取得明显成效，重点水利工程建设稳步推进，特别是大江、大河治理成就卓然。

全国累计堤防长度达到27.8万km，其中新增堤防长度8 676km，主要堤防达标长度增加2.23万km，其中一、二级堤防达标长度增加1.13万km；重要城市和重点地区的防洪标准得到较大提高。

长江干堤加固工程基本完工，竣工验收准备工作正在抓紧进行，其中长江重要堤防隐蔽工程已于2005年10月顺利通过竣工验收，长江干堤防洪能力大幅度提高。重要控制性枢纽工程建设取得重大进展。

万家寨和江垭水利枢纽分别于2002年9月和2003年1月竣工投产运行，发挥了防洪、发电等综合效益；小浪底水利枢纽工程全面完工，并于2002年12月完成竣工初步验收工作，工程在黄河防洪、调沙减淤及发电等方面的综合效益已充分显现；沙坡头水利枢纽和临淮岗洪水控制工程主体工程已基本完工，正在进行竣工初步验收准备工作；百色、尼尔基和紫坪铺分别于2005年8月下旬、9月中旬和下旬实现下闸蓄水的建设目标；治淮19项骨干工程除沙颍河近期治理工程1项尚未正式开工以外，其他18项工程已累计完成投资223.33亿元，占总投资的49.96%；皂市水利枢纽和西霞院反调节水库等进展顺利。

4. 病险水库除险加固进展顺利

2001 年和 2004 年，国家先后分两批将 3 259 座病险水库的除险加固工程列入中央补助计划。中央累计投资约 186 亿元，共安排了 1 686 座病险水库的除险加固建设。为做好病险水库除险加固项目建设管理工作，水利部在建立责任制、制定项目建设管理办法、加强前期工作、推动建管措施的落实、强化监督检查等方面做了大量工作，确保了病险水库除险加固工作的顺利推进。病险水库除险加固，具有十分显著的社会效益，同时也具有很大的经济效益。

据不完全统计，全国大型和重点中型病险水库除险加固后，可恢复防洪库容约 54.6 亿 m^3，恢复兴利库容约 67.44 亿 m^3，年增城镇供水能力 43.36 亿 m^3。

5. 农村饮水解困任务超额完成

近年来，国家加大对农村饮水解困工程的投入力度。中央共安排国债资金 117 亿元，加上各级地方政府的配套资金和群众自筹，总投入 220 多亿元，建设农村饮水工程 120 多万处，新增日供水能力 600 多万 t，解决 6 700 多万农村人口的饮水问题，超额完成"十五"计划目标。

为了切实做好农村饮水解困工作，国家发展改革委和水利部 5 年里编制了 3 个农村饮水的专项规划，制定了农村饮水项目管理办法，颁发了 3 个有关农村饮水解困的指导意见和 3 个技术标准。这些规划、政策、办法和技术规范等措施，有力地保障了"十五"农村饮水解困工程的顺利实施。根据评估和各界反映，农村饮水解困工程建设，取得了巨大的社会效益、经济效益和生态效益，使农民得到了实惠。饮水解困的成效主要表现在：改善了农民卫生条件，减少了疾病；解放了农村劳动力；密切了党群、干群关系，减少了水事纠纷，使农民安居乐业；改善了农村生活环境。

6. 防汛抗旱取得重大胜利

"十五"期间，是我国洪涝和干旱灾害频繁发生的 5 年，也是我国防汛抗旱工作进入新的快速发展的 5 年。在党中央、国务院领导下，广大军民团结奋战，顽强拼搏，夺取了抗洪抢险斗争的全面

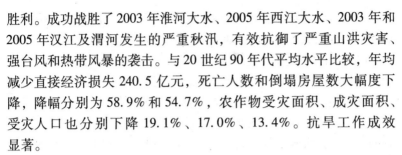

胜利。成功战胜了 2003 年淮河大水、2005 年西江大水、2003 年和 2005 年汉江及渭河发生的严重秋汛，有效抗御了严重山洪灾害、强台风和热带风暴的袭击。与 20 世纪 90 年代平均水平比较，年均减少直接经济损失 240.5 亿元，死亡人数和倒塌房屋数大幅度下降，降幅分别为 58.9% 和 54.7%，农作物受灾面积、成灾面积、受灾人口也分别下降 19.1%、17.0%、13.4%。抗旱工作成效显著。

农业抗旱方面，平均每年挽回粮食损失 500 亿 kg，减少经济作物损失 436 亿元。通过修建应急供水设施、拉水运水等措施，平均每年临时解决 2 723 万城乡人口的饮水困难。城市抗旱方面，先后 4 次实施引黄济津应急调水，保障了天津市经济社会平稳发展；珠江压咸补淡应急调水，确保了珠江三角洲、广州等城市以及澳门特区的供水安全。2002 年利用国债资金 12.4 亿元，支持 16 个地级以上城市开展抗旱应急水源工程建设。

7. 大型灌区改造启动农村水利基础设施

5 年全国净增有效灌溉面积 2 323 万亩；新发展工程节水灌溉面积 7 420 万亩，全国农业灌溉水有效利用系数提高 2 个百分点，达到 0.45；全国大型灌区毛灌溉用水亩均减少 60m^3。

"十五"期间，共对全国的 306 个大型灌区启动了续建配套与节水改造建设，重点解决灌区引输水骨干工程的配套、改造、病险和严重浪费水问题，安排总投资 134.1 亿元，其中中央国债资金 73.8 亿元。

大型灌区节水改造提高了粮食综合生产能力，促进了农民收入增长。"十五"期间新增粮食生产能力 50 亿 kg。前 4 年粮食作物平均单产提高了 30kg，农民农业纯收入增加了 25%。"十五"期间共增加节水 75 亿 m^3；灾害损失减少约 32 亿元。灌区建设带动了当地建材的生产、流通，促进了地方经济发展，同时，为农村广大农民工就地打工创造了机会，增加了农民收入。

8. 全国水土流失治理

全国综合防治水土流失面积 54 万 km², 其中国家水土流失重点治理工程完成 9 万 km², 地方、其他行业和社会力量实施治理 15 万 km², 封育保护面积中 30 万 km² 达到初步治理, 黄土高原地区新建淤地坝 4 000 多座。积极调整工作思路, 充分发挥生态系统的自我修复能力, 促进了大面积植被恢复。先后在 198 个县开展了水土保持生态修复试点, 实施了"三江源"区预防保护工程, 25 个省的 950 个县实施了封山禁牧。所有国家水土保持重点工程区全面实现了封育保护。全国实施封育保护面积达到 60 万 km²。强化依法行政, 加大水土保持监督执法力度, 有效控制了人为水土流失。

9. 农村水电空前发展

5 年来, 农村水电累计完成投资 1 500 亿元, 新增装机 1 600 万 kW, 发电量 5 600 亿 kWh, 实现工业增加值 2 800 亿元, 利税总额 350 多亿元, 解决了 1 200 万无电人口的用电问题。到 2005 年底, 水利系统管理的总装机突破 5 000 万 kW (2004 年年底全国水电总装机达到 1 亿 kW), 累计形成固定资产 3 000 亿元。水电农村电气化县建设上了一个新台阶。

400 个电气化县超额完成任务, 每个电气化县平均增加有效资产 3 亿元、水电装机 3 万 kW、每年增加发电量 1 亿 kWh, 大大提高了综合生产能力。400 个县国内生产总值年均增长率达到 15%, 是全国平均水平的 1.7 倍, 电气化县建设有效发挥了政府调控的导向作用, 有力促进了城乡协调发展和区域协调发展, 促进了和谐社会建设。完成农网改造投资 240 亿元, 每年减轻农民负担 40 多亿元。小水电代燃料试点取得显著成效和宝贵经验。

国际舞台展现中国水利

"十五"期间, 水利国际交流与合作积极拓宽对外合作渠道, 全方位加强与国外水管理部门的合作, 坚持发达国家和发展中国家并重, 政府间组织和非政府组织并举, 深入开展以技术合作为重点, 辐射水利政策和管理各个领域的水利交流与合作, 为推动中国水利全面登上国际舞台奠定了坚实基础。

2001~2005 年的 5 年间，我国成功举办和参加了一系列重大国际水事活动。

2001 年第 29 届国际水利学大会。

2002 年第十二届国际水土保持大会。

2003 年水利部汪恕诚部长率代表团出席第三届世界水论坛并发表主旨演讲。

2004 年举办第九次河流泥沙国际学术讨论会。

2005 年成功举办了第 19 届国际灌排大会，黄河国际论坛和首届长江论坛。

我国水利部门和专家已参加了 40 多个政府间和非政府间国际水利组织，并在一些组织中担任要职，在国际水事活动中发挥了重要作用。

不断加强高层互访，积极拓展双边合作渠道。组织接待外国部长级以上或驻华大使等重要团组 50 多个，组织和签署双边水利合作协议、协定或备忘录 25 个。在国际河流涉外事务中，与周边国家在跨界水体领域进行一系列磋商，签署一些重要的双边和多边协定，既促进了我国国际河流管理的基础工作，又维护了我国的主权权益。

通过引进国外智力渠道派出大量培训团组，先后有 500 多名水利技术与管理人员出国培训。争取外国政府赠款共 500 万欧元。"十五"期间执行国际金融机构贷款项目 15 个，贷款总额达 17.84 亿美元；执行外国政府赠款 25 个，引进无偿援助资金 0.84 亿美元。

10.2 改革是水利健康发展的推进剂

我国"十五"期间的 5 年间，各项水利事业蓬勃发展，治水创新亮点不断。而这一切，都离不开水利改革的强劲推力。为什么管理改革有这么大的推动作用？这就是人们经常说的一句话，"三分建设七分管"。

只要我们认真的研读一下"十五"期间历年全国水利厅局长会议工作报告，我们就会发现，每年都有大量篇幅部署水利改革。5 年来，全国水利系统改革之风劲吹，一些酝酿多年的改革取得重大突破，为可持续发展水利不断前行提供了强大动力，也为 21 世纪中国治水事业的长远发展奠定了坚实基础。

水管体制改革，促进了水利工程运行管理

"十五"开局，在国务院的高度重视下，水利部把水管体制改革作为一项重点工作来抓。2000 年，水利部成立水管体制改革领导小组。2002 年 9 月，经过大量调研、多次研讨和反复修改的《水利工程管理体制改革实施意见》由国务院办公厅正式转发，从体制和机制上较好地解决了长期困扰水利发展的老大难问题。

《实施意见》出台后，各地纷纷采取有力措施，出台相关政策。与此同时，有改革任务的 6 个流域机构也按时完成了直属工程改革实施方案。作为《实施意见》的重要配套文件，《水利工程管理单位定岗标准（试行）》和《水利工程维修养护定额标准（试行）》于 2004 年 7 月由水利部、财政部联合印发，为水管单位定岗、定员及核定各项财政补助经费提供了依据。

水管体制改革涉及全国 15 000 家水管单位、47 万多水管职工，关系水利发展全局的大事；改革中需要开展分类定性、定岗定编、明确经费渠道、实行管养分离等工作，涉及计划、财政、编制、社保等多个部门，是一件十分复杂的工作。《实施意见》出台后，水利部和各地积极推进改革试点。

改革试点的成功，为试点单位水利工程强化管理、安全运行、良性发展提供了可靠保障，同时也为下一步改革的全面铺开、逐步深化积累了经验。

几年的改革实践证明：水管体制的改革，通过改革市场经济体制下不利于水利工程管理的体制、机制性障碍，促进水利工程管理水平提高，确保工程安全运行和充分发挥效益，同时有效解决水管单位长期面临的诸多实际问题，对加强水利工程管理、促进水资源可持续利用和经济社会可持续发展，都具有十分重要的现实意义和深远的历史意义。

水价改革，用经济杠杆优化配置水资源

"十五"期间，水利部党组高度重视水利发展中的经济问题，提出"水利工作必须适应建立社会主义市场经济体制的要求，研究水利发展中的经济问题，坚持按经济规律办事"。同时提出，"水价是水资源管理的主要经济杠杆"，"建设节水型社会，要十分注意经济手段的运用，充分发挥价格对促进节水的杠杆作用"。

5年来，在国家资源价格改革的宏观背景和国家有关部委的高度重视下，水价改革在政策层面获得重大进展。

2001年，财政部、原国家计委发出通知，水利工程水费被确定为经营服务性收费，实现了由费到价的根本转变。

2002年新水法从法律层面确认了水利工程供水的商品属性，使"水是商品"的观念深入人心。

2004年，《水价办法》施行后，国务院办公厅发出《关于推进水价改革促进节约用水保护水资源的通知》，明确了水价改革的目标、原则和政策要求。

2005年，国家发展改革委、财政部、水利部等5部委联合召开会议，对进一步推进水价改革提出了明确要求。目前，湖南、云南等12个省市出台了本地的水价管理办法或实施细则，黑龙江等21个省区提出了水价改革初步方案。

水价改革不仅仅是调价，更为重要的是建立科学合理的水价形成机制，充分发挥价格杠杆对水供求关系的调节作用。5年来，水利部在全国积极推广"超定额累进加价"、"丰枯季节水价"、"两部制水价"等科学的计价制度。云南、河北等10多个省实施了超定额累进加价制度，黑龙江、江苏等17个省（直辖市）制定了各类用水的定额。

农业水价改革是水价改革的难点，末级渠系又是改革的难中之难。"十五"期间，水利部大力推行陕西、新疆等地的"供水到

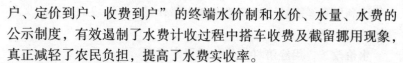
户、定价到户、收费到户"的终端水价制和水价、水量、水费的公示制度，有效遏制了水费计收过程中搭车收费及截留挪用现象，真正减轻了农民负担，提高了水费实收率。

水价改革的最直接效果体现在利用价格杠杆促进节约用水上。据统计，全国水利工程供水平均价格由 2000 年的 2.8 分每立方米调整到了 2005 年的 6.0 分每立方米。与 2000 年相比，2004 年全国农业总用水量在灌溉面积增加约 3 300 万亩的情况下，下降了 5%；2003～2005 年，全国城市年节水约 36 亿 m³。与此同时，水价改革使有水利工程水费收入呈上升态势，供水单位成本费用得到部分补偿，促进了水利工程的良性运行。2004 年，国有水利工程水费收入 85.9 亿元，与 2000 年相比增幅达 27%。

从长远来看，随着改革的逐步深化，科学合理的水价形成机制进一步完善，价格杠杆在水资源配置、水需求调节和水污染防治等方面的作用将在更大程度上得到发挥，将对建立自律式发展的节水模式产生更大的推动作用，进而不断提高水资源的利用效率和效益。

知识连接——水利工程供水价问题

目前我国的水价政策主要包括：水利工程供水水价和城市供水水价。

水利工程供水水价，当前执行的是根据 2003 年 7 月国家发展和改革委员会、水利部颁发的《水利工程供水价格管理办法》（第 4 号令）（以下简称《水价办法》）规定：水利工程供水价格按照补偿成本、合理收益、优质优价、公平负担原则制定，并根据供水成本、费用及市场供求的变化情况适时调整。水利工程供水价格由供水生产成本、费用、利润和税金构成。

城市供水水价，是根据 1998 年国家计划委员会、建设部颁发的《城市供水价格管理办法》的规定，制定城市供水价格应遵循补偿成本、合理收益、节约用水、公平负担的原则。城市供水实行分类水价，并根据使用性质可分为居民生活用水、工业用水、行政事业用水、经营服务用水、特种用水等5类。各类水价之间的比价关系由所在城市人民政府价格主管部门会同同级供水行政主管部门结合本地实际情况确定。制定城市供水价格，供水企业合理盈利的平均水平，应当是净资产利润率的8%～10%。

"两部制水价"是根据当前水利工程供水现状提出来的，目的是为了保证水利工程正常运转。国家发展和改革委员会、水利部在2003年7月3日发布《水利工程供水价格管理办法》（第4号令）中规定，水利工程供水应逐步推行基本水价和计量水价相结合的两部制水价。根据这一定义，"两部制水价"是指水利工程供水中的基本水价和计量水价。

基本水价是按补偿供水直接工资、管理费用和50%的折旧费、修理费的原则制定。基本水价确定之后，收取基本水费按多年平均年用水量乘以基本水价而得到，它反映的是水利工程单位向用水户应收取的最低费用，用来维持水利工程单位最基本的正常运转。

计量水价按补偿基本水价以外的水资源费、材料费等其他成本、费用以及计入规定利润和税金的原则核定。计量水费按实际供水量乘以计量水价而得到。它反映的是实际供水量的货币形式，实行的是多用水多交钱，少用水少交钱的基本原则，有利于用水户节约用水。

"超定额累进加价"是指按用水定额指标向用水户计量水量和收取水费，定额内的按正常水价计量并收取水费，当用户超了定额用水，则按累计超定额的用水量加价收取水费，从而促进用水户节约用水。

"丰枯季节水价"是指供水单位根据水源水量大小和丰枯的用水季节情况，制定丰枯季节的动态水价，向用水户进行计量供水的水价。当枯水时可适当调高一些水价，当丰水季节可适当下调一些水价，从而调动用水户既用水又节水的积极性，但供水单位调节水价是在国家规定的水价范围之内，也就是说，在当年丰枯水价调整的上下幅度和量不能突破国家规定的水价范围。

实践证明：科学、合理的水价是促进节约用水、减少水资源浪费的重要手段；合理的水价能够发挥价格杠杆作用，自动调节水资源供需关系，缓解水资源的供求矛盾，能够促进水资源的优化配置，促进社会经济的持续发展；是培育水市场良性运行机制、促进水行业由供水管理向需水管理转变的必要手段；是营造节水产品发展空间和建立良性节水机制的基础条件。此外，节水有利于资源的节约，有利于降低成本、提高经济效益。

水资源管理体制改革

水资源管理体制改革得到了党和国家的高度重视。

2000年，党的十五届五中全会通过的《"十五"计划建议》中提出，要改革水的管理体制。这是在党的重要文件中第一次对水的管理体制改革提出明确的要求。

2002年修订的《水法》从法律层面上结束了是"多龙管水"还是"一龙管水"的长期争论，流域和区域的水资源统一管理在人们的思想认识上得到统一。

新水法确立了流域与区域相结合的水资源统一管理体制，明确了流域管理机构的法律地位。根据修订后的《水法》和中编办的批复，流域机构的法律地位和行政职能进一步明确，流域机构各级机关开始依照国家公务员制度进行管理。区域水资源管理体制基本理顺，流域区域相结合的水资源统一管理体制形成。

截至2005年，全国29个省、自治区、直辖市的1 359个单位成立水务局或由水利系统实施水务统一管理，占全国县级以上行政区总数的 57%。这些实现了水务统一管理的地区，在统一调配水资源，统一编制涉水规划，保障城乡防洪安全、供水安全、生态安全等方面，取得了明显成效。

有了水资源统一管理的体制保障，涉水规划的编制更为科学、统一，涉水事务的社会管理更为协调有序，水资源总量控制和微观定额两套指标的推行、水功能区的划定与保护等更为有力。

近年的实践证明，水资源统一管理体制符合水资源的自然规律和经济社会发展规律，是优化配置水资源、提高水资源利用效率的迫切需要，是更好地解决水资源开发利用中各种矛盾的重要措施；是贯彻科学发展观和中央治水方针，推进水资源可持续利用的重要体制保障。

新农村水利改革发展

"十五"期间，中央高度重视"三农"工作，对农业实行"多予、少取、放活"的方针，出台了一系列扶持农业发展的政策。

随着农村税费改革的不断推进、"一事一议"政策的推行，新时期农田水利基本建设与管理面临着种种不适应，主要表现在管理体制不适应、运行机制不活、投入主体缺失。

为此，水利部要求各级水利部门着力推进农田水利基本建设管理体制与运行机制改革，不断探索新的思路和途径。在投入机制上，除增加财政投入外，积极引导受益农户投资投劳，鼓励发展民营水利；对有专管机构的较大工程和灌区骨干工程，认真贯彻落实《水利工程管理体制改革实施意见》，实行定岗定员、管养分离，加快水价改革；对面广量大的小型农田水利工程，积极推进产权制度改革，实行承包、租赁、转让，发展农民用水户协会，推动用水户参与管理、民主管理和自主管理。

2003 年，水利部出台《小型农村水利工程管理体制改革实施意见》。几年来，以产权制度改革为核心，以用水户参与管理为主要内容的小型农村水利工程管理体制改革循序推进。目前，全国已有 26 个省（自治区、直辖市）出台了小型农村水利工程产权制度改革实施办法；有 700 多万处小型工程通过承包、租赁、股份合作等改革形式，实现了产权流转。作为实现用水户参与管理、协调供用水关系的有效组织形式，"十五"期间，有 6 个省区出台了鼓励、扶持和规范协会发展的相关办法，7 000 多个农民用水户协会相继成立，协会实行民主协商、自主管理，取得了良好的成效。

为适应农村税费改革不断深化的新形势和城乡统筹发展的新要求，2005 年 10 月，国务院办公厅转发了国家发展改革委、财政部、水利部等部门《关于建立农田水利建设新机制的意见》，为建立良性机制，保障新时期农田水利建设的健康发展提供了依据。

新时期我国水利发展问题

1. 科学把握新时期水利发展与改革思路

党的十七大强调，在新的发展阶段继续全面建设小康社会、发展中国特色社会主义，必须深入贯彻落实科学发展观。加强基础产业基础设施建设；加强农村基础设施建设，增强农业综合生产能力，确保国家粮食安全；保护土地和水资源，建设科学合理的能源资源利用体系，提高能源资源利用效率；重点加强水、大气、土壤等污染防治，改善城乡人居环境；加强水利、林业、草原建设；加强荒漠化石漠化治理，促进生态修复；加强应对气候变化能力建设；强化防灾减灾工作等，这些都直接涉及水利工作的发展，说明党中央对水利工作高度重视，也是党中央对水利工作提出的新要求。

水资源是基础性的自然资源和战略性的经济资源，是生态与环境的控制性要素。水利作为国民经济和社会发展的重要基础设施，在全面建设小康社会中肩负着十分重要的职责。

面对经济发展、人口增加和全球气候变化，我国干旱缺水、洪涝灾害、水污染和水土流失等问题十分突出。近年来，水利部党组认真贯彻落实科学发展观，按照全面建设小康社会和构建社会主义和谐社会的新要求，根据中央水利工作方针，认真总结经验教训，提出了从传统水利向现代水利、可持续发展水利转变的治水新思

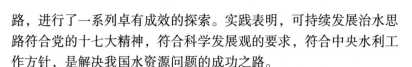

路，进行了一系列卓有成效的探索。实践表明，可持续发展治水思路符合党的十七大精神，符合科学发展观的要求，符合中央水利工作方针，是解决我国水资源问题的成功之路。

坚持以人为本，把解决民生问题放在更加突出的位置。实现好、维护好、发展好最广大人民的根本利益是党和国家一切工作的出发点和落脚点，也是可持续发展治水思路的本质要求。水利与人民群众的生命、生活、生产息息相关，是关系民生的重要工作。

近年来，我国在着力保障人民群众的防洪安全、解决农村饮水安全以及病险水库除险加固、灌区续建配套与节水改造、水土保持、边远山区群众用电、水利血防、落实移民政策法规等直接关系群众切身利益的水利问题上下了很大功夫，取得了一系列实实在在的成效。但要看到，解决广大人民群众最关心、最直接、最现实的水利需求，是一个长期的过程，还需要我们付出更加艰苦的努力。我们必须始终坚持以人为本，着力解决好民生水利问题，协调好各方面的水利需求，确保水利发展与改革成果惠及全体人民。

坚持人与自然和谐，把促进生态文明建设放在更加突出的位置。党的十七大报告提出"建设生态文明，基本形成节约能源资源和保护生态环境的产业结构、增长方式、消费模式"。把生态文明写入党代会报告，这是中国共产党执政兴国理念的新发展，是落实科学发展观、实现全面建设小康社会目标的新要求。促进人与自然和谐是生态文明建设的基本要求，也是可持续发展治水思路的核心理念。要坚持尊重自然规律、尊重科学，转变水利发展模式，实现水利发展与生态保护的双赢。

坚持节约保护，把建设节水防污型社会、促进水资源可持续利用放在更加突出的位置。坚持节约资源和保护环境的基本国策，关系人民群众切身利益和中华民族生存发展。党的十七大强调，要"保护土地和水资源，建设科学合理的能源资源利用体系，提高能源资源利用效率。"大力推进节水防污型社会建设，强化水资源约束和水环境约束，完善有利于水资源节约和保护的政策法规体系，加快形成水资源可持续利用的体制机制，通过对水资源的合理开发、高效利用、综合治理、优化配置、全面节约、有效保护和科学管理，推动经济发展方式的转变和产业结构的优化升级，促进经济社会发展与水资源承载力和水环境承载力相协调，以水资源的可持续利用保障经济社会的可持续发展。

2. 切实落实各项水利工作

加快水利发展，增强水利对经济社会发展的保障能力和水平。

一是做好防汛抗旱工作，全力保障人民群众的生命安全，最大限度地保证生活生产用水，最大程度地减轻水旱灾害损失，提高防御水旱灾害的水平。

二是加强水利基础设施建设。紧紧抓住水利发展的重要机遇，掀起水利基础设施建设新高潮，完善大江大河大湖防洪工程体系，加强水资源调蓄和配置工程建设，加快农村水利基础设施建设，提升水利的经济社会保障能力和公共服务能力。

三是大力推进节水型社会建设，加强水资源节约和保护，提高水资源利用效率和效益，增强可持续发展能力。

解决民生水利问题，使广大人民群众共享水利发展成果。

一是优先解决农村饮水安全问题。加大投入，认真组织，精心实施，确保工程建得成、用得起、管得好、长受益。

二是着力解决水库病险问题。按照中央要求，加快病险水库除险加固步伐，用 3 年时间基本解决 6 200 多座大中型和重点小型水库的病险问题。

三是推进灌区节水改造。加快大中型灌区续建配套与节水改造，加强末级渠系配套建设，提高粮食综合生产能力，保障粮食安全。

四是加快农村水电开发。统筹农民利益、地方发展与生态环境保护，加大水电农村电气化县建设力度，加快解决无电、缺电人口用电问题，改善贫困山区农民生产生活条件。

五是加强城乡水环境整治。加大水土流失治理力度，充分发挥大自然的自我修复能力，推进清洁小流域建设，整治农村沟塘渠系，打造城市亲水平台，加强水质保护，建设清洁河道，维护河流健康，改善恢复生态，努力满足广大人民群众实现优质生活、享有优良环境的需求。

推进水利改革创新，不断完善水利又好又快发展的长效机制。

一是深化水利改革。重点推进水权制度、水资源管理体制、水利投融资机制、农村水利发展机制、水利工程管理体制、水价形成机制、水行政管理体制等方面的改革，在打基础、管长远、促发展上狠下功夫。

二是加强水利管理。重点加强水资源管理、河湖水域管理、水利工程建设和运行管理、水能资源管理，强化规划、法规、科技等基础工作和基础保障，强化水利社会管理和公共服务职能。

三是加强依法治水、依法行政。健全和完善水利政策法规体系，强化水利执法，完善水事纠纷调处机制。转变职能，提高效能，规范行政行为，提高公信力和执行力，建设法制型、服务型、效能型和廉洁型机关。

四是推进水利创新。切实加强水利重大问题研究，不断推进理论创新、实践创新、体制创新、机制创新、科技创新和制度创新，大力推进水利信息化，以水利信息化带动水利现代化。

五是夯实基层水利。要切实加强调查研究，了解基层情况，倾听群众呼声，及时研究解决基层水利工作中遇到的实际困难和问题，深化基层水利改革，完善基层水利服务体系。

10.3　新时期水利发展谋划

我国加速病险水库除险加固的治理步伐

2007年5月中共中央总书记、国家主席、中央军委主席胡锦涛，中共中央政治局常委、国务院总理温家宝，分别对病险水库除险加固工作做出重要指示，强调要加大病险水库治理力度，尽快落实治理任务，并加强工程监理，提高治理质量，确保水库安全度汛。

　　我国现有水库 8.5 万多座，虽经多年治理，但仍有 3 万多座水库病险严重，已成为威胁人民生命财产安全的重大隐患。尤其是，全国有 97% 的小型水库缺少必要的雨水情测报和通信预警等设施，一旦发生险情很难及时通知下游群众撤离避险。中小型水库安全问题已成为当前全国防汛工作的一个薄弱环节。

　　1998 年大水以后，我国进行了空前规模的病险水库除险加固建设，2 012 座病险水库得到除险加固，目前多数工程已完成或基本完成。其中规划一期 1 204 座水库项目已基本完成，可保障 1.59 亿人口的防洪安全。截至 2006 年底，中央已安排投资 244 亿元，用于全国 2 012 座病险水库除险加固工程建设。

　　已实施的全国病险水库除险加固已取得明显成效。目前我国大型水库的病险率已由 1999 年底的 35% 下降到 2005 年底的 14%，中型水库病险率由 41% 下降到 25%；规划一期项目全部完成后，规划一期项目中的大型病险水库问题将全部解决，中型水库病险率将下降到 14%。

　　为全面完成我国病险水库除险加固工程建设的任务，从 2007 年开始，中央将每年安排投资 50 亿元，用 3 年时间基本完成大中型和重点小型病险水库的除险加固任务，保障人民群众生命财产安全。

我国继续加大灌区"两改一提高"建设

　　长期以来，我国大型灌区老化、失修、功能减退等现象普遍，水利工程产权制度和供用水管理体制改革相对滞后，合理水价机制没有形成，用水浪费严重。

　　为此，我国将加大和深化灌区"两改一提高"工作力度。通过灌区节水技术改造和用水管理体制改革的建设，提高水的利用效率和效益，提高农业综合生产能力，促进农业增产和农民增收。

　　大型灌区是我国农业规模化生产基地和重要的商品粮、棉、油基地，是农民增收致富、粮食安全的重要保障。

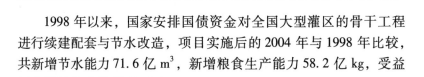

1998 年以来，国家安排国债资金对全国大型灌区的骨干工程进行续建配套与节水改造，项目实施后的 2004 年与 1998 年比较，共新增节水能力 71.6 亿 m^3，新增粮食生产能力 58.2 亿 kg，受益区人均纯收入提高 43.8%。

以新的战略视点谋划新疆未来发展

国务院《关于进一步促进新疆经济社会发展的若干意见》（［2007］32 号文件）和温家宝总理在新疆考察工作时的重要讲话，是在 21 世纪重要战略机遇期，加快新疆经济社会发展，造福新疆各族人民群众的历史性文献。

党中央、国务院历来高度重视新疆工作，在各个历史时期都对新疆工作做出重要决策和部署。党的十六大以来，以胡锦涛同志为总书记的党中央把新疆工作放在全国改革开放和现代化建设的大局中进行研究部署，不断加大对新疆的支持力度。在加快改革开放和深入实施西部大开发战略的新形势下，国务院又提出了进一步促进新疆经济社会发展的若干意见，再次表明党中央、国务院始终对新疆工作的高度重视和支持，是对新疆各族人民的极大鞭策和鼓舞，必将极大地激发各族人民加快发展、后来居上的决心和信心。

32 号文件将新疆水利建设、能源基础设施建设放到了重要地位。面向未来，新疆的经济社会发展已经站在一个新的历史和战略起点上。抓住机遇，加快推进新疆社会主义现代化建设，努力实现全面建设小康社会的宏伟目标，更好地造福各族人民，是新疆各族人民崇高的历史责任。因此立足当前，着眼长远，把握机遇，谋划新的发展未来，继续大力发扬自力更生、艰苦奋斗、不畏艰难、无私奉献的优良传统和作风，在国家的大力支持和帮助下，依靠自身努力，用新疆各族人民的勤劳和智慧建设美好家园，实现后来居上，为全国的大局，为国家的现代化建设做出新的贡献。

发展水利创新投入长效机制

"十一五"时期水利发展：一是通过水利发展，不断满足经济社会发展对水利的需求；二是通过转变水利发展模式，推动经济增长方式的转变，建设节水型社会。

第一，在水利工作的各个领域调整思路，促进水利发展模式转变。在防洪方面，要正确处理人与洪水的关系，给洪水以出路。在水资源供给方面，要坚定不移地推进节水型社会建设，建立起自律式发展的节水模式。在生态环境建设方面，要大力发展绿色经济，解决好水土流失、水资源保护、水污染等一系列生态环境问题。

第二，根据水资源承载能力和水环境承载能力的约束，不断强化社会管理，推动经济结构调整、经济增长方式转变。在水资源紧缺地区，产业结构和生产力布局要与两个承载能力相适应，严格限制高耗水、高污染项目。

在洪水威胁严重的地区，城镇发展和产业布局必须符合防洪规划的要求，严禁盲目围垦、设障、侵占河滩及行洪通道，科学建设、合理运用分蓄洪区，规避洪水风险。在生态环境脆弱地区，实行保护优先、适度开发的方针，加强生态环境保护，因地制宜发展特色产业，严禁不符合功能定位的开发活动。

"十一五"时期我国水利发展，解决我国水利投资不足的问题，必须有新的思路和举措，创新水利投入长效机制迫在眉睫。

我国"十五"时期水利投资持续保持了较高的水平，累计完成的固定资产投资相当于 1949～2000 年的总量。但是我国水利投资政策波动性大，国债依存度高，投资缺口仍然很大。初步预测今后 5 年每年需要中央投资 320 亿～350 亿元，以现有的中央投资规模，每年缺口 100 亿元；从地方角度看，中西部地区财力有限，投资形势更为紧张。

完善投资体制，优化投资结构。对公益性水利工程，要完善以公共财政为主渠道的水利投资体制，建立起各级政府稳定的财政投入机制；对以经营性为主的水利工程，要建立放活市场、政府监管、多渠道融资的建设体制。对国家确定的重点水利建设项目和事关人民群众切身利益的水利项目，要优先安排投资。对在建重点项目，要保证足够的投资强度，尽快建成投产，避免"半拉子"工程。对一般性项目，要区别轻重缓急，采取妥善措施，解决好建设资金，抓紧收尾。对新开工项目，要抓住重点，做好前期工作，控制建设规模。

稳定政府投资水平，拓宽投融资渠道，创新水利投入长效机制。保障水利与经济社会协调发展，就必须在较长时期增加水利建设投入。要探索建立财政预算内水利投资稳定增长机制，增加预算内水利投资。要创新水利建设基金，扩大水利建设基金的征收规模，通过提高水价、水资源费来扩充中央水利建设基金来源。这是新形势下创新水利投入长效机制的根本举措。

积极探索水利融资渠道，对于城市供水、污水处理、水电开发等产业，可以采取特许经营等融资方式，吸引社会资本和外资参与。

加强政府投资项目管理，强化资金监管。健全政府投资水利项目的决策机制和决策程序。规范投资管理，投资安排要以中长期规划、年度计划为依据，统筹安排、合理使用。简化和规范不同投资类型项目的审批程序和审批权限，加强计划管理，积极推行代建制。落实中央水利资金管理分级负责制和岗位责任制，建立健全绩效评价制度。

新疆下坂地水库帕米尔高原的"高峡平湖"

我国海拔最高的山区水利枢纽工程之一的新疆下坂地水利枢纽工程，是一座出现在冰山林立的帕米尔高原上"高峡平湖"。

2006 年 4 月正式开工建设，2007 年 9 月 26 日，总投资近 19 亿元的新疆下坂地水利枢纽工程截流成功，由于工程坝址位于地震频发的帕米尔高原，水库坝体设计可抗 8.5 级地震。

新疆下坂地水利枢纽工程，担负春季供水、生态补水和发电等综合功能，总库容量可达 8.67 亿 m^3，计划于 2009 年 10 月实现首台机组发电。

下坂地水利枢纽工程位于喀什地区塔什库尔干塔吉克自治县境内，平均海拔高度 3 050m，距离中国与塔吉克斯坦边境不足 100km。

下坂地水利枢纽工程是国家、新疆自治区重点工程建设项目，建成后可改善叶尔羌河流域的生态环境，每年向塔里木河提供 3.3 亿 m³ 水，还可使叶尔羌河流域灌区灌溉保证率由 12.67% 提高到 76.6%，可替代塔里木河下游 16 座平原水库的蓄水功能，将在很大程度上改变叶尔羌河流域"春旱、夏洪、秋缺、冬枯"的状况，有效缓解叶尔羌河流域春季干旱和冬季农业灌溉缺水问题，改善叶尔羌河流域 660 万亩耕地的灌溉条件，有效提高农业生产综合能力，改善塔里木河流域的生态环境，并能缓解喀什、克孜勒苏柯尔克孜自治州等边境地区严重缺电的问题。

厦门大力发展海水淡化工程

厦门市将大力发展海水淡化工程，保障水资源可持续发展。预计至 2010 年，厦门每日可淡化海水 1 万 t。

近年来，厦门城市用水量迅速增加，预计到 2010 年，厦门全市用水量将达 8.5 亿 t，2020 年厦门市总需水量将达 12 亿 t。为此，厦门将规划实施"海水有效补充淡水工程"和应急水源建设，培育海水利用新兴产业，用海水解决淡水资源短缺问题。

预计到 2010 年，厦门全市海水淡化能力为每日 1 万 t，海水冲厕能力达到每日 8 000t；2020 年，海水淡化能力每日 5 万～10 万 t，海水冲厕能力达到每日 10 万 t。

厦门将规划一项"水电联产"项目，利用即将投入建设的电厂进行水、电联产，近期每日淡化海水 3 000t，有效提供电厂所需淡水，远期的总规模每日 10 万 t。

《中国水利百科全书》第二版问世

《中国水利百科全书》属专业百科全书，它全面总结了国内外水利事业的丰富经验和科技成果，是中国第一部全面介绍水利知识、着重反映中国水利事业发展情况的专业性百科全书，是水利部和水利行业的一项重要的文化工程和基本建设，是一所没有围墙的水利大学。

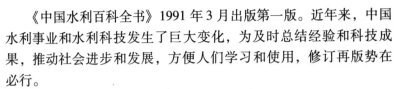

《中国水利百科全书》1991年3月出版第一版。近年来，中国水利事业和水利科技发生了巨大变化，为及时总结经验和科技成果，推动社会进步和发展，方便人们学习和使用，修订再版势在必行。

《中国水利百科全书》第二版的修订出版工作经水利部批准于2000年4月开始，参加审定、修改和编撰的专家、学者有1 000余名。第二版有黑白插图2 200余幅，制图800余幅，字数约800万。共收条目5 000余条，其中新增1 327条，重大修改769条，小修1 717条，保留1 101条，合并30余条。新增内容主要反映了20世纪90年代以来到21世纪初的科学技术试验研究结论和涉水的主要行业建设成果和实践经验。第二版按分支出版了21个分册版。

2006年4月21日，应邀向耶鲁大学师生发表演讲的中国国家主席胡锦涛，向耶鲁大学赠送了精心挑选的567种、1 346册中国图书。其中，有世界上发行量最大的工具书《新华字典》，有中国第一部大型综合性百科全书《中国大百科全书》，有中国历史文化古籍经典《论语》、《礼记》，有用故事体写成的中华文明史《话说中国》丛书，还有中国水利出版社出版的《中国水利百科全书》。

水利现代化水利信息需先行

水利信息化是我国水利现代发展的重要技术和平台。我国水利信息化建设的基本思路是：以需求为主导，深化业务应用，通过管理创新推动水利信息化实现跨越式发展；完善水利信息化基础设施，加快重点应用系统建设，以重点项目辐射和带动水利信息化建设的整体推进；坚持统筹规划、资源共享，注重信息资源开发与整合，努力提高水利信息化建设的实效；注重信息化保障环境建设，完善标准、政策和管理体制，积极探索水利信息化建设与运行维护管理的长效机制；加强行业管理，搞好横向和纵向统筹，实现地区之间、部门之间的协调发展，全面提高水利信息化水平。

2007年11月29日上午，全国水利信息化论坛在深圳市隆重开幕。本次论坛的主题是：深入学习贯彻党的十七大精神，总结交流信息化工作经验，加快推进水利信息化建设，更好地支撑可持续发展水利事业。

目前，我国的水利信息化面临的机遇与挑战，当前和今后一个时期，水利信息化发展的指导思想是：全面贯彻落实科学发展观，努力推动水利发展方式的战略性调整，依托信息技术和管理创新不断提高水利建设和管理的能力和水平，以信息化推动水利现代化。

11 水科学技术纵横

11.1 科学发展观与现代水理论

水利与人类发展

水是一切生命的源泉，是人类生活和生产活动中必不可少的物质。在人类社会的生存和发展中，需要不断地适应、利用、改造和保护水环境。水利事业随着社会生产力的发展而不断发展，并成为人类社会文明和经济发展的重要支柱。

原始社会生产力低下，人类没有改变自然环境的能力。我们的祖先靠的是逐水草而居，择丘陵而处，靠渔猎、采集和游牧为生，对自然界的水只能趋利避害，消极适应。

进入奴隶社会和封建社会后，随着铁器工具的发展，人们在江河两岸发展农业，建设村庄和城镇，由此逐步产生了防洪、排涝、灌溉、航运和城镇供水的需要，从而开创和发展了水利事业。

18世纪开始的产业革命，带来了科学和技术的发展。一些国家开始进入以工业生产为主的社会。水文学、水力学、应用力学等基础学科的长足进步，各种新型建筑材料、设备、技术，例如，水泥、钢材、动力机械、电气设备和爆破技术等的发明和应用，使人类改造自然的能力大为提高。尤其是人口的大量增长，城市的迅速发展，对水利提出了新的要求。

19世纪末，人们开始建造水电站和大型水库以及综合利用的水利枢纽，水利建设向着大规模、高速度和多目标开发的方向发展。

水利工程曾包括在土木工程学科之内，与道路、桥梁、公用民用建筑并列。但是水利工程与其他工程不同，具有自身的特点：水利工程建筑物受水作用，工作条件复杂，施工难度大；各地的水文、气象、地形、地质等自然条件有差异，水文、气象状况存在自然性，因此，大型水利工程的设计，总是各有特点，难于划一；大型水利工程投资大、工期较长，对社会、经济和环境有很大影响，既可有显著效益，但若严重失误或失事，又会造成巨大的损失或灾害。因此，社会各部门对水利事业日益提出更多和更高的要求，促使水利学科在 20 世纪上半叶逐渐形成为独立的科学。

二次世界大战以后，随着各国经济的恢复和发展以及系统论、控制论、信息论等新理论和电子计算机、遥感、微波通信等新技术的出现，水利事业进入蓬勃发展的新时期。

随着人类人口和经济的增长，人类对水土资源的过量开发，大量侵占江河、湖泊水域，降低了防洪能力；滥伐滥垦森林草原，加剧了水土流失；工矿排放有毒废水，污染了水源；超量开采地下水，造成了水源危机等。人类在进行水土资源开发利的过程中，没有注重对水资源的有效保护，已造成恶果。因此，水利又面临许多新的课题。

通观历史，人类与水一直存在着既适应又矛盾的关系。随着人类社会的不断发展，人与水的矛盾也在不断变化，需要不断地采取水利措施加以解决，而每一次大规模成功的水利实践，都会进一步提高水利在人类发展过程中的重要地位。

随着我国经济社会的发展，关于水问题的重大基础科学技术研究，已经引起社会的广泛关注。于是出现了我国水问题科学研究这一大课题。

水问题是人类经济社会发展进程中出现的人与水关系以及对社会经济与环境的影响。水利是调整人—水关系进而解决或缓解水问题的理论、技术与实践的总和。水问题的一些急待进行研究的科学技术问题是：

我国防洪战略策略的科学基础——中国防洪理论；

我国江河治理的地学基础；

我国水资源配置的科学基础；

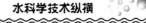

水资源承载能力评价及预警理论与方法；

生态环境需水量研究；中国水问题的水文循环基础；

社会、经济对水问题形成与发展的驱动机理；

关于水问题研究中理论方法和实践等。

研究跨流域调水系统水资源的运行调度，应用阈值理论与熵理论研究水资源承载能力，应用突变论等新理论与新方法研究洪水变化规律，应用人工免疫工程研究生态经济系统的预警管理，应用信息化工程集成管理系统研究水问题等。

水利现代化进程中的水利新理论

我国将在 2030 年前后实现全国的现代化，水利行业是国家的重要基础产业，目前的状况无法满足国家现代化的需求，水利行业要率先实现现代化。

1. 经济发达国家的水利发展

美国、日本、法国等是世界上经济发达国家，这些国家的水利发展过程，在不同的经济发展阶段，有不同的工作重点。

1960 年以前，各国的水利工作是以水资源开发为主，为了满足经济发展的需求，大规模地修建水库、堤防、整治河道，这是水利工程技术发展较快的时期。

进入 20 世纪的 60 年代，由于经济的发展，显露水资源的不足，各国开始重视对水资源进行管理，注重发展节水技术，并且重视相关的法规建设。

进入 20 世纪的 70 年代，由于经济发展造成河流的污染问题引起社会关注，在水利建设方面，社会对水资源保护的呼声较大，对污染源进行控制，发展污水处理技术，修订各类水质标准也自然成为各国水利工作的重要内容。

进入 20 世纪的 80 年代，经济发达国家的水利建设先后转入对水资源的综合管理，即对河流水质、水量、环境、景观等多方面的指标进行统一管理，以满足社会对水利建设的多方面需求。对河道两岸的空间管理也列入水利管理的内容之一，河流公园的建设发展较快。

进入 20 世纪的 90 年代，伴随可持续发展理论的深入，在水利建设方面也有许多新观念产生，开始对传统的水利建设理论进行反思。水利建设由传统的以改造自然为目标转变为以人水和谐共处为目标，比较重视利用非工程措施协调人水关系，重视环境用水和生态用水。并提出了水生态修复理论和技术，重新认识水利工程对生态环境产生的负面影响，并采取积极的措施进行修复。

2. 水利现代化与社会经济发展

发达国家的水利建设在经济发展的初期，社会要求有一个基本的安全发展空间，保持社会的稳定，首先要求防洪安全建设，多以大型防洪工程建设为主。

经济的发展过程中用水需求的增加导致供水紧张，供水设施的建设是社会经济发展初期的主要要求。

在防洪安全、供水问题基本解决后，社会经济会有较快的发展，同时污染物的排放量大幅度增加，水系污染问题突出，在社会经济发展的中期对水资源的保护问题，将成为社会关注的焦点。

当社会经济实力较强时，水的污染问题可以得到解决，人们生活质量提高、假期增加，旅游业的发展要求水系周边有优美、舒适的休闲娱乐空间，以水边景观建设为主的水域周边空间管理是社会经济比较发达阶段的水利工作重点。

在社会经济进入发达阶段后，人们将不再满足水清、景美，而要求有更丰富多样的生态系统，对水系的生态修复是社会经济和文化发达的重要标志。

一般认为，发达国家是在 20 世纪 70 年代已经完成了经济现代化，水利事业作为社会经济的一部分也实现了现代化。当时一些发达国家的经济发展水平，用每万元国内生产总值来衡量是：美国的经济发展水平约 15 000 亿美元，人均 7 000 美元；日本是 5 000 亿美元，人均 4 000 美元。如果以亚洲国家的日本作比较，把人均国内生产总值 4 000 美元，作为我国初步实现现代化的经济指标，那么，我国的一些地区已经接近或达到了这一经济指标。所以我国的现代化和水利现代化是有希望的。但是，进入 20 世纪 90 年代，美国国内生产总值已达 70 000 亿美元，人均 20 000 美元。相比之下，我国的现代化标准起点不高、任重道远。

3. 中外水利发展水平

表 11 - 1 中是一些重要指标与发达国家的比较，可以得到一些认识。

表 11 - 1　中国与发达国家的一些重要水利经济指标比较

比较内容	美国	日本	中国
人均径流量/m³	11 800	3 700	2 086
水库总库容/亿 m³	10 000	338	4 583
径流调节能力/%	34	16.9	17
水利供水能力/亿 m³	4 711	908	5 600
农业灌溉面积/万 hm²	2 341	270	5 330
人均供水量/m³	1 768	694	458
城市供水量/亿 m³	594	322	1 375
城市人均供水量/m³	265	300	344
水能蕴藏量/亿 kW			3.78
水电装机容量/万 kW	10 060	2 139	7 297
水电年发电量/亿 kW·h	3 100	910	2 340
水能资源开发率/%	82		19.3
农业用水比例/%	40	64	75
工业用水重复利用率/%	8.6（重复次数）	78	30~40
万美元产值用水量/m³	230	74	1 120
海水利用量/亿 m³	800	1 000（仅电力）	100
污水处理服务人口比例/%	71.8		5
河流水质达标率/%	66	80	50

（1）我国总体的经济水平尚未达到发达国家 20 世纪 70 年代水平，我国的现代化水平还比较低。

（2）我国在水资源开发、防洪等方面还要求大量建设大坝、整治河道。所以我国高坝建设技术发展较快，水平是比较高的。

（3）我国的流域管理和水资源管理水平还较低，特别是流域监测能力和评价手段比较落后。

（4）我国的流域环境、生态问题日益突出，已经引起国家重视，开始增加投入。

（5）经济发展不平衡，经济发达地区 2020 年以前可实现现代化。水域环境保护、生态修复将成为水利工作的主题。但是从全国的总体水平来说，实现现代化还需要较长时间。

4. 水利现代化的基本标准

水利现代化的标准，最基本的条件可以归纳为以下三大标准。

（1）观念的现代化　目前与我们水利事业关系密切的新观念有可持续发展理论、人与自然的和谐共处、生物多样性保护等，这些人类文明的结晶必须成为水利事业发展的重要指导思想。

（2）生产技术和装备现代化　现代化的水利事业要广泛地应用现代技术，如通讯、监测、分析、污染治理、生态修复、流域规划、设计、施工，大型水利施工等方面的新理论、新技术和新设备。

（3）水利管理现代化　形成现代化管理体系，实施体制改革，适应当代发展对水利事业的需求，加强管理人员与国内外的交流。建立现代化管理法规，依法治水，实现公众参与、公众监督。采用现代化管理手段，实现信息畅通、决策科学、准确、及时。

5. 水利新理念的形成

水利现代化要有新的水利理论指导，新水利理论应当充分体现现代的观念、技术和现代的管理理论。与传统的水利理论比较，现代水利的工作内容要扩大了许多。

理论基础以力学为主。在这种理论的指导下，水利建设过分地干扰了流域的水循环。

新水利理论的形成是在传统水利理论基础上，引进世界先进的水资源开发与保护管理的新观念，综合考虑技术、经济、环境、生态、社会等对水系影响较大的因素，重新定位水利在流域可持续发展中的地位和建设目标（表11-2）。

表11-2　现代水利理论与传统水利理论差异比较

顺号	项目	传统水利	现代水利
1	工作范围	以河道及其建筑物为主	包括河道在内的全流域管理
2	治水原则	强调改造自然	重视人与自然的和谐相处
3	水功能开发	资源功能	资源、环境、生态多功能
4	对象水体	只考虑水的物理特征	考虑水的物理、化学、生态特征
5	学科支持	水力学、岩土力学、结构力学等力学理论体系	力学、环境、生态、社会经济等多学科
6	流域管理	以河道水系管理为主	对流域内水系的各影响进行综合考虑
7	流域理念	不尊重流域圈，盲目跨流域引水	尊重流域圈，促进节水型社会形成
8	防洪减灾	防洪工程调度、工程抢险	全流域风险管理
9	河道治理	断面规则化、渠道化	断面多样化、自然化
10	堤防建设	损坏水陆连续性，湿地消失	采取湿地保护措施，保持水陆连续性
11	大坝建设	破坏河道及生态的连续性	保持河道及生态自然属性
12	水资源建设	侧重于经济用水，过量引水	水资源利用兼顾经济、环境、生态用水
13	可能的后果	流域生态、环境恶化	流域生态、环境恶化改善，可持续发展

　　新水利理论的一个重要进步是更加重视流域的概念。传统的水利理论虽然也提出了流域的概念，但是只注意到流域的物理特征，即由降雨和地形决定的产汇流特征，比较多的是研究流域的水文变化规律。而新水利理论除了流域的物理特征之外，还注意研究流域的自然特征和流域的社会特征。

　　传统水利理论是 20 世纪初的产物，其指导思想是以改造自然为主、以工程建设为主、流域的自然特征要从天—地—生大系统来考察流域，即把流域作为天—地—生系统的基本单元，认为流域生态系统的基本形态由流域的天象、地象条件所决定。

　　流域的社会特征是流域内的自然条件与社会环境之间是互相影响的，即流域社会的发展受流域的自然条件制约，而流域的生态系统又受人类活动的影响，因而社会的可持续发展必须以流域为单位。

　　按照现代水利的理念，流域规划要全面地考虑流域的水文、自然和社会特征，即"天时"、"地利"、"人和"，以谋求流域内社会的可持续发展为规划目标。

洪水资源化新理念

　　洪水资源化是近些年新提出的一种治水新理念，它主要是从我国实际情况出发，按照新时期可持续发展水利的思路，统筹防洪减灾和兴利，实施洪水有效管理，对洪水资源进行合理配置，在保障防洪安全的同时，努力增加水资源的有效供给，为经济社会的可持续发展提供有力的防洪抗旱支撑。

　　我国是严重干旱缺水与洪涝灾害频发并存的国家。现在公众既关注洪水，也关注缺水，防汛与抗旱的关系既对立，又统一。开发利用洪水资源，减少水害增加兴利，以更好地促进人与自然相和谐。

　　我国的北方地区，水资源严重匮乏，属于资源性缺水。随着经济社会的快速发展，流域水资源供需矛盾日益突出、非常尖锐。

　　北方地区河流的汛期一般为 4 个月，来水却占全年的 60% 以上。汛期大部分水量往往被安全送入大海，而汛末又往往无水可蓄，造成水资源配置以及人与洪水、干旱灾害的不和谐。所以，有必要在合理承担适度风险的前提下，充分考虑洪水的资源属性，对汛期洪水进行分期管理，科学拦蓄，对汛期洪水加以科学利用。对有条件的水库，应加强汛限水位分期和动态控制研究，进行科学调度，将洪水变成水资源存入水库，为灌溉和确保河道不断流提供宝贵的水资源。

洪水资源化已经成为我们面临的一个非常重要的课题，特别是北方的河流，对洪水资源化的要求非常迫切。因为洪水资源化不仅可以解决燃眉之急，缓解水资源的供需矛盾，保障流域以及相关地区广大人民群众的生活和生产用水，保障河道生态用水，实现水生态环境的良性循环；而且可以将防洪减灾与抗旱兴利两者有效地结合起来，实现"洪水为我所用"的治水新战略，有利于维持河流健康生命，实现人与河流和谐相处，以水资源的可持续利用支撑流域以及相关地区经济社会的可持续发展。

进行洪水资源化实践，将洪水资源化变成现实，我们已经有了一定的工程基础和关键技术，具备了洪水资源化操作所应该具备的两大必要条件。当然，洪水作为水资源具有特殊性。洪水资源的开发利用难度大，供水保证率低，有较大的风险性。所以，进行洪水资源化调度，要更加小心谨慎、科学细致，更加充分、精确地分析利用水文、气象信息，更加重视预测、预报、预警和预防，制订更加细致和切实可行的应对预案。

进行洪水资源化调度，应该遵循"适度承担风险、有效控制风险、主动规避风险"的原则，实施一定防洪标准下的"风险调控"策略。需要精心开展风险分析，研究防洪风险率的变化情况，在最大限度地满足人民群众生活、生产用水和生态用水的需要的同时，还要确保防洪安全和效益。

超越历史创新水利思想

我国第一部水利通史——《史记·河渠书》写于公元前100

年前后。在《河渠书》中，司马迁首次明确赋予"水利"一词以治河防洪、灌溉排水、城镇供水、运河开凿等专业内容。这一中国特有的技术名词世代相沿、使用至今。他还进一步阐发治史的目的说："居今之世，志古之道，所以自镜也，未必尽同。帝王者各殊礼而异务，要以成功为统纪，岂可绲乎！"

这一思想是十分深刻的。历史研究之所以能够对现实的社会活动产生影响，是由于现实是由历史发展而来的，其间有天然的实质的联系。

学习历史能将人们思考的时空范围延伸和扩大，有助于认识人类活动和自然演变的发展脉络和丰富内涵，由此加深对现实的理解而发挥经世致用的作用。

任何新文化的发展都是传统文明的延续，现代科技亦然。借鉴历史的研究成果在其他领域也多有展现。

我国气象科学家竺可桢（1890～1974 年），1973 年提出的《中国近五千年来气候变迁的初步研究》，在搜集了大量的历史物候现象的基础上，进行历史与气候的综合分析，从而得出我国近五千年气温变迁的规律。这一结论和国外对挪威雪线研究得到的气温变迁规律基本一致。这篇论文得到国际学术界的高度评价，被认为是研究方法的一个创新，是在历史悠久并具有丰富文化典藏的中国才有可能提出的。

近年来，由历史继承再升华为现代科学突破性的成果，可以举出 2001 年国家科学技术最高奖获得者吴文俊在几何定理的机械化证明方面的工作。他所开拓的是一个既有强烈时代气息又有浓郁中国特点的数学领域。在得到国家科学技术奖之后，他说"几何定理证明的机械化问题，从思维到方法，至少在宋元时代就有蛛丝马迹可寻"，认为自己的创造受到中国古代数学的启发。现代数学尚可以从历史传统中汲取营养，何况古往今来都是以大自然为背景的水利科学。

水，是利之于国家经济社会发展的基础，水利，是历史的不可

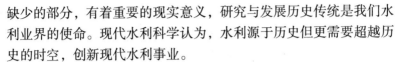

缺少的部分，有着重要的现实意义，研究与发展历史传统是我们水利业界的使命。现代水利科学认为，水利源于历史但更需要超越历史的时空，创新现代水利事业。

水利建设重要，工程管理比建设更重要

中国工程管理论坛于 2007 年 4 月 8 日闭幕，这是由中国工程院和广州市人民政府主办的一次论坛。在论坛会议上有关专家呼吁工程管理领域迫切需要大量的工程管理人才，要让工程管理深度介入国民经济。

张寿荣院士在论坛上算了一笔账：2000 年，我国固定资产投资规模为 3.26 万亿元，2006 年增长为 10.98 万亿元，6 年增长了 3.36 倍。固定资产投资与国内生产总值之比在 50% 以上，其投资规模之大，堪称世界之最。

张寿荣院士根据国家统计局公布的数据，分析我国固定资产投资所形成固定资产的结果是：我国固定资产投资所形成固定资产的比例不高，而且还是逐渐下降的。

在分析我国工程管理落后的原因时，张寿荣举例说，新中国成立以来，我国大工程一般都采取临时从有关部门抽调一批人组成工程指挥部进行管理。"指挥部成立之初，由于缺乏工程管理经验走了不少弯路，到工程结束时，一部分人刚刚积累了点经验，指挥部又解散了，经验得不到传承。另一项工程启动时，又重新组织指挥部，从头做起。虽然改革开放后，这种情况略有改观，但由于我国投资规模大，项目众多，总体上看，工程管理水平依然很低。"

张寿荣特别指出，在学科设置上，管理科学与工程都是一级学科。但长期以来工程管理却连二级学科都不是。工程管理实质上是一门交叉学科，涉及自然科学、工程技术、管理科学、生态科学等。在这一点上社会的认识是不足的。

论坛上专家们普遍认为，同一般的管理相比，工程管理具有系统性、综合性和复杂性，它更强调对工程的可行性分析、工程价值评价以及工程中的各种决策行为。大庆油田董事长、总经理王玉普

的发言就诠释了工程管理的内涵。

从"十五"之初，大庆油田在前期开展并取得成效的"三次采油"室内试验、先导性矿场试验、工业性矿场试验、聚合物工业化推广应用的基础上，以系统工程思想和集成创新理论为指导，科学系统地制定了大庆油田"三次采油"技术"十五"发展战略。他们将"三次采油"系统划分为基础理论研究、工艺配套技术、组织运行体系构建3个子系统，明确了每一个子系统的时间阶段划分及在每一个阶段的具体工作步骤和目标。据此，他们建设了世界上最大的"三次采油"研发和生产基地，创造了一系列奇迹，相当于找到了一个储量上亿吨级的大油田。

本次论坛一致通过了《中国工程管理论坛2007·广州·共识和建议》。与会代表建议，在我国普通高校本、硕、博的学科专业目录中，将工程管理设为一级学科，推动工程管理专业人才的培养；积极推进工程管理职业教育与执业资格认证，设置招收在职人员的工程管理硕士学位，在条件较好的学校开展试点；以本次论坛为起点，继续举办全国性的工程管理论坛，发起筹组全国性的一级学会"中国管理学会"。

实施流域综合管理迫切重要

由世界自然基金会和澳大利亚国际发展署资助，由中国科学院科技政策与管理科学所、水利部黄河水利委员会等机构专家完成的《中国流域综合管理现状与战略研究》报告发出警告说，中国正面临水环境、水资源、水生态和水灾害等紧迫的流域性水问题。复合型水污染及其在流域内的转移、综合性水资源短缺与饮用水安全问题、水利水电等工程引发的生态破坏与经济损失以及由水旱灾害和污染事件等构成的综合性流域涉水灾害等，都已经成为我国必须面对的重大课题。而面对这些问题，我国现行流域管理体制难以应对如此复杂的局面。

首先，我国已经颁布《中华人民共和国水法》、《中华人民共和国水污染防治法》、《中华人民共和国水土保持法》、《中华人民共和国防洪法》这四部与水有关的法律，但至今尚无真正的流域法；加上法律之间也存在不一致的地方，执法成本过高，对违法惩治的力度有不足，难以形成有效强制性法律约束。

其次，各相关管理部门的职能定位不清，缺乏有效的跨部门、跨地区的协调机制与平台，弱化了法律能够起到的实际效力。例如，尽管主要水污染物的减排是"十一五"期间必须实现的约束性目标，但减排指标的分解主要是根据行政区划，至今也并未落实到各个流域。

实际上，即使行政主管部门有着积极性，如果不对流域特点进行充分考虑，在解决跨行政区的综合性流域问题时，往往也起不到应有效果。

世界上一些发达国家，各种经济激励政策，如流域生态补偿政策，都相当普遍；在我国因为市场经济的不完善和流域问题的复杂性，在执行过程中常常也面临种种障碍而难以操作。

此外，流域管理长期以来缺少利益相关方参与的问题，也一直没有得到有效解决，尤其是公众参与程度薄弱。一些地方政府和企业为了经济效益，不惜建高耗水、高污染、高排放的项目，而作为弱势群体的普通公众，往往被排斥在决策过程之外，在利益和知情权等方面得不到保障。

在长江流域，跨地区利益冲突在过去数十年中，就已经屡见不鲜。例如，20世纪70年代以来，湖北省武穴市与江西省瑞昌市在该河段江沙开采的权属上一直各执己见，为争夺好的采沙地点多次发生纠纷，甚至出现大规模械斗，此矛盾持续了30多年。

近年来，长江上游水电开发进入规模实施阶段，水能资源监管尚未理顺而导致的各自为阵的现象，更进一步激化了流域内部矛盾：上游的无序开发，很可能会导致下游的大型水电站不能正常运转；而局部地区的过度开发，还将给生态环境治理造成巨大的不利影响。

举世瞩目的三峡工程蓄水后，重庆市境内的长江航道本可通行多种万吨级船队；但重庆市建议拆除阻碍大型货船进出的南京长江大桥的提议，遭到南京市的极力反对，因为南京市可以通过中转货运获得巨额经济利益。

在黄河流域，这种情况也存在。国家自 1999 年开始对黄河水量实施统一调度以来，已连续实现不断流。但迄今为止，还只是对水量进行了综合统筹，没有对水质进行统筹。

因此，实施流域综合管理迫切重要。

所谓流域综合管理，是指在流域范围内，通过跨部门与跨行政区的协调管理，综合开发、利用和保护流域水、土、生物等资源，最大限度地适应自然规律，充分利用生态系统功能，实现流域的经济、社会和环境福利的最大化以及流域的可持续发展。

流域综合管理的思路形成于 20 世纪的 80 年代，并在欧洲莱茵河、澳大利亚墨累—达令河等流域的治理中得到国际认可。

目前，我国各主要流域正在进行流域综合规划修编。2007 年 8～9 月，分别举行了长江流域和黄河流域的综合规划修编省际协商第一次会议，预计可在 2009 年形成最终文本并上报水利部。

要真正推进流域综合管理体制的建设，核心之一，则是必须明确流域综合规划的法律地位。只有确定详细的制订程序、解决好实施保障和问责问题，其效用才有可能最大限度地发挥。

中国水利学会 2007 年学术年会于 10 月 30 日在江苏省苏州市隆重召开。水利部部长陈雷在学术年会上做了题为"关于水利发展与改革若干问题的思考"的主题报告，他指出，可持续发展治水思路是科学发展观在水利工作中的具体体现，是解决我国水资源问题的成功之路。同时，报告将流域管理问题放到了一个新的高度来认识。

流域不仅是完整的自然地理单元，也是独特的经济和人文地理单元。水资源的不可分割性、流域生态经济社会文化的相互依存性，决定了必须以流域为单元，遵循自然规律、经济规律和社会规律，实行流域管理和行政区域管理相结合的水资源统一管理体制。

这既是世界各国水资源管理的基本经验，也是我国《水法》确立的水资源管理的基本体制。

我国重大水利水电科技前沿论坛

2007 年 11 月 9～11 日，我国重大水利水电科技前沿院士论坛暨首届中国水利博士论坛在河海大学举办。我国有 21 名中国科学院、中国工程院院士和大型水利单位总工程师就当前我国水利水电建设中出现和面临的前沿和热点问题做主题报告，全国各地的 200 多名博士生也前来参加论坛活动。

本次是水利学界级别最高的大规模论坛活动，由中国工程院土木、水利和建筑工程学部以及中国水利学会主办，由南京水利科学研究院、水文水资源与水利工程科学国家重点实验室、水资源高效利用与工程安全国家工程研究中心以及河海大学四家单位承办。

这次大会的主要议题是围绕着 21 世纪大型水利水电工程建设的主要任务和其中的关键科学问题；大型水利工程的安全和防灾减灾；大型病险水库综合整治的关键技术；大型水利工程对生态、环境和防洪的影响及其对策；新世纪中国水资源和水能资源存在的问题和对策；国家自然科学重点基金和"973"课题研讨等方面的内容进行。

科技创新推动水利发展

联合国环境计划署 2002 年《世界资源报告》指出，到 2020 年，世界人口从目前的 63 亿增加到 75 亿，将有一半的人口在用水紧张的状态下生活。

近年来，我国已经有不少研究报告分析、预测，指出了我国水资源问题形势的严峻和潜在的巨大危机，解决 21 世纪水资源问题将是我国发展面临的战略任务。涉及水资源开发、保护、配置、节约以及防洪减灾等水问题研究，应该是我国科技发展的战略重点和优先领域。

解决我国的水资源问题的途径是多方位的，有立法，政府决策、体制机制、经济投入等，现在的问题是，如何围绕我国水资源

问题这一个国家战略重点，凝练水利科技发展任务和重大项目，也就是说，如何把国家需求归纳为科学问题，在国家中长期科技规划中有充分的体现，同时指导水利行业科技的发展。

水利部于2001年颁布了2001~2010年《水利科技发展规划》，《规划》阐述了发展水利科技的指导思想，归纳了水资源开发与配置、防洪减灾、水环境与生态问题等十大发展方向和优先领域，形成了一个比较完整的规划。

1. 重视水利科技创新

创新是一个民族进步的灵魂，是国家兴旺发达的不竭动力，这已经成为科技界的共识。水利学科是一门传统学科，既有丰富经验和长期知识积累的有利一面，又面临着知识创新及技术手段现代化问题。

我国的水利水电工程技术及相关的学科理论相对成熟，三峡工程的成功建设就是证明。当然，未来10~20年面临的一些重大工程的特殊问题，还需要进行科技攻关，最突出的南水北调西线工程。西线工程的艰巨性是在大渡河、雅砻江和通天河上筑坝建库，开凿穿过长江与黄河分水岭－巴颜喀拉山的隧洞，实现调水目标。

我国在水科学的宏观问题研究方面相对比较薄弱。例如，陆地生物圈水、土、气相互作用与平衡理论；全球变化可能对于我国水资源产生的长远影响问题；在自然力与人类活动双重干预下河流与湖泊演变研究；考虑水资源、生态系统与人类经济社会活动三者相协调的水资源管理理论和规划方法；对动态的水循环过程的综合研究，建立水的资源量、可利用量、生态环境需水量的统一评价模式问题；水资源承载力、环境承载力及最小生态需水量等方面，尚有很大的研究与发展空间。在水资源保护方面，水资源开发利用对水环境及生态影响研究、水环境监控和管理网络系统研究、水污染成因分析及防治对策研究、流域及区域水资源保护及管理规划、水域生态系统的自我修复功能和自我净化功能的规律与利用等问题，都需要组织攻关研究。

近一些年来水利科研的重大成果中，大多是借鉴国外的理论、方法和模型进行应用或进行改进完善。例如，这些年来我国在碾压混凝土筑坝技术方面发展很快，举世瞩目。在材料、温控、坝工设计及施工工艺等技术都有很多创造，但是水利科研重大原始创新成果不足。

应对我国及其复杂的水资源问题，我们还应该是借鉴与创新结合，更要鼓励创新，特别是提倡原始性的科技创新。现在有一种现象，就是在科技项目立项时的"包装"与"炒作"，把一些老的课题重新包装，新瓶装旧酒，或者炒作一些新的名词术语，在概念上做文章。这样的项目对科技进步于事无补，是一种极其有害的东西。

2. 创新水科学理论

水具有自然属性，自然属性一直是水利学科的研究重点。其实，通过工程设施的水又具备了经济属性。在防洪减灾问题中，洪水又具有了某种社会属性。

一个大型水利工程建设不仅依靠工程技术，还涉及到经济、社会、环境、生态、管理和人文等诸多方面。因此，仅仅研究水的自然属性是远远不够的，只有在学科的交叉、渗透与综合中发展水科学。

发达国家已在深入研究水文、水质等各种因子与水域生物群落及生态环境的相互关系，研究水利工程对生态系统的影响问题。一些学者提倡水利工程学与生态学相结合，发展水利工程学的新理论。德国人早在1938年就提出了"亲河川整治"概念，认为水利工程设计要符合植物化和生命化的原理。1962年提出"生态工程学"理念。1993年美国科学院主办的生态工程学研讨会中对"生态工程学"定义为："将人类社会与其自然环境相结合，以达到双方受益的可持续生态系统的设计方法。"

按照我国经济社会当前发展水平以及国家对于自然环境保护的目标，促进水利工程学与生态学的融合，积极研究水利工程与生态系统关系的理论与新技术理论及方法，将具有前瞻性和现实意义。

3. 重视观测、调查分析研究

对河流湖泊演变、洪水过程、水土流失、泥沙运移、水质变化等现象的野外观测，是发展水科学的基础工作。野外观测的技术手段要不断现代化，水文站网的技术改造应加大步伐。在生态建设工程中还应该考虑增加生物（动物、植物）的调查内容。

今后水利重大科技项目中必须列入野外观测和调查的内容，鼓励科研人员多到野外和工程现场去。通过野外工作研究理论问题，理论联系实际，深入一线，深入现场，一直是水利科技工作者的优良传统。

4. 现代水利科技问题

水利学科是一门传统学科，技术手段相对落后，用高新技术改造水利行业。大规模、高强度地应用高新技术，借以提高水利行业的管理、设计、施工、监测和试验等方面的技术水平。

近几年全国和地方的防汛抗旱指挥系统，水资源实时监控系统，水利政务管理系统的建设有了重大进展。防汛抗旱指挥系统极大地提高了防洪调度的应变能力，水资源实时监控系统使得水资源实时配置更为科学化。另外，全球定位系统、地理信息系统、遥感技术及计算机决策支持系统等高新技术，在水利行业具有广阔的应用前景。

现代电子信息技术、自动控制技术、地理信息技术、数字化定位等技术，都是可以运用于水资源、水环境、防洪减灾、河湖整治、水土保持和大型水利工程等领域，以实现监测监控、预警预报、灾情评估等的现代化。当前在试点的基础上建议总结经验，提高水平，做好多项技术的融合与集成，逐渐形成技术规范和标准。

11.2 我国水利科技成就与展望

我国大江大河泥沙的科研治理工作

举世瞩目的三峡水利工程为世人所关注，其中泥沙问题是三峡

工程建设中的一个重大技术问题，三峡工程建设委员会于 1993 年
9 月成立了由权威专家组成的泥沙专家组，拟定了"九五"期间的
科研计划。三峡工程的泥沙问题研究，组织了水利部、交通部和高
等院校以及中国科学院有关单位，安排了 5 个专题 24 个子题，有
19 个单位承担任务，300 余人参加工作。建立泥沙实体模型 8 个，
数学模型 12 套。对三峡工程有关的泥沙问题进行了深入研究，探
索泥沙运动规律和拟定相应的对策和措施，进行了大量的观测、计
算、分析和研究。研究的主要内容：就坝区、坝下游和水库回水变
动区的泥沙问题全面开展研究，以便优化枢纽设计和水库运行以及
通航需要的水深和水流条件，提供港口码头建设和发展的基本资
料，保证长江水道的贯通。

1. 进行三峡水库拦沙泄水对下游河道冲淤影响及对策的研究。
包括宜昌至大通 1 120km 河道冲淤变化的观测分析，葛州坝枢纽下
游近坝段水位变化对通航影响与对策，江口镇上下浅滩演变规律及
整治，长江与洞庭湖、鄱阳湖的江湖关系变化及对防洪的影响。对
葛洲坝下游近坝段和江口镇上下浅滩演变与整治进行了研究，为开
展变动回水区航道及港口整治提供了依据。

2. 开展坝区的泥沙研究，为上引航道布置、上下引航道的泥
沙淤积问题，对电厂取水口前的泥沙淤积平衡进行研究。

3. 嘉陵江水土保持与金沙江修建水库对三峡来沙的影响，水
库优化调度以及变动回水区泥沙淤积及治理。

4. 开展三峡水库的库区和下游的泥沙原型观测。

5. 对三峡水库由初期的蓄水 156m 升至最终蓄水 175m 运行的
具体方案进行研究。此外，为配合泥沙研究工作，还组织开展了坝
区水文、泥沙的观测。

彻底解决三峡水利工程的泥沙问题，加速长江上游植树造林和
水土流失治理工作是根本之策。尽管在长江上游兴建了一些向家
坝、溪洛渡水库等工程可减少进入三峡水库的泥沙量，但从根本上
讲，植树造林减少长江上游的水土流失显得十分重要。

长江中上游水土流失面积约 30 万 km²，几年来，国家投入了大量资金，累计综合治理水土流失面积约 5.8 万 km²。从 1989 年至今累计造林 4 万多 km²，使 200 多个县的水土流失得到了治理。近年来，长江上游各地政府遵照国务院"西部大开发"战略和"退耕还林、退耕还草"决策，加大投资力度，加强流域综合治理，取得较大成效。根治长江上游的水土流失是一项长期而又艰巨的系统工程，我国还需要几十年的不懈的努力和奋斗。

我国水利水电工程技术齐居世界水平

我国水电理论蕴藏容量近 7 亿 kW，其中技术可开发容量 5 亿 kW，年可发电量 2 万亿 kW·h，居世界首位。在未来 3~5 年内，我国水电装机容量将突破 2 亿 kW。我国的水电建设已进入一个崭新的发展时期。随着金沙江溪洛渡、向家坝、雅砻江锦屏、澜沧江糯扎渡等巨型水电工程的相继开工，西南地区正成为我国水电开发的主战场。

经过 50 多年的发展，以长江三峡、广西龙滩等水电站为代表的一系列 70 万 kW 巨型机组运行发电，标志着我国水电机组设计、制造、安装、运行技术达到了世界一流水平。

中国水利水电建设集团公司是我国最大的水利水电建设企业、资源开发和江河治理的排头兵，水电建设集团先后建成了国内 70% 左右的大中型水电站和水利枢纽工程，水电总装机容量 8 000 多万 kW，占全国水电总装机容量的 60%。是建设长江三峡、广西龙滩、云南小湾、金沙江溪洛渡等巨型水电站以及南水北调这一世界最大的水利调水工程的主力军。

中国水利水电建设集团公司凭借在国内行业的领先龙头地位，坚持"科技是第一生产力"的理念，大力推进企业科技进步，立足于企业自主创新，取得了丰硕科技成果，先后获得 5 项国家科技进步奖，28 项中国电力科技进步奖，有 18 个项目获得了省部级科技进步奖；新申请国家发明专利和实用新型专利 26 项。

我国水库大坝工程成就卓著

2007年11月3~4日，第五届碾压混凝土坝国际研讨会在贵阳市召开。会议旨在共同探讨碾压混凝土坝的最新发展，庆贺碾压混凝土筑坝技术应用30年，研究碾压混凝土坝的未来方向。会议上，有8座碾压混凝土大坝获得"国际碾压混凝土坝荣誉工程奖"大奖，分别是：中国龙滩重力坝（216m）、哥伦比亚（188m）、日本（155m）、美国（97m）、智利（155m）、西班牙（99m）、巴西（67m）、南非碾压混凝土拱坝（70m）。其中我国龙滩重力坝是获奖中最高的重力坝。

水库大坝是水利枢纽工程中最为重要的设施工程技术。多年来，在碾压混凝土坝科研方面，我国科技工作者围绕碾压混凝土重力坝、碾压混凝土拱坝两种坝型，开展了筑坝材料、坝底结构设计、防渗形式、层面结合、温度控制、上坝方式、施工碾压工艺、施工质量监测与控制、安全监测与反馈分析等一系列不同层面的科技攻关，为碾压混凝土筑坝技术推广应用奠定了坚实的理论和科学基础。

碾压混凝土筑坝技术是20世纪70年代末80年代初国际上发展起来的一种新的筑坝技术，至今已有30年历史，目前全世界已建成碾压混凝土坝323座。碾压混凝土筑坝技术具有工艺简单、上坝强度高、工期短、造价低、适应性强等特点，产生了巨大的经济效益和环境效益，已经成为最有竞争力的坝型之一，在世界大坝建设中得到了大力发展和广泛应用。

中国于1986年建成了第一座碾压混凝土坝——坑口重力坝，在此之后的20年，碾压混凝土筑坝技术在我国得到了快速发展，无论理论研究或工程实践都有大量的创新与突破。

目前中国已建成各类碾压混凝土坝92座，中国已建、在建的坝高超过30m的碾压混凝土大坝有70余座。碾压混凝土重力坝高由50多m发展到100m级、200m级，坝体碾压混凝土方量由4万余m³发展到500万余m³；碾压混凝土拱坝高由75m发展到100m

中国龙滩重力坝

级、130m 级，坝体碾压混凝土方量由 10 万余 m³ 发展到 50 万余 m³。

知识连接——中国大坝委员会

国际大坝委员会是一个享有很高声誉的国际民间学术组织，是国际大坝技术方面公认的最高级别的权威机构，成立于 1928 年，中心办公室设在法国巴黎。该委员会宗旨是通过相互交流信息，促进大坝及其有关工程的规划、设计、施工、运行和维护的技术进步。

国际大坝委员会每 3 年召开一次大会，各国同行均可参加，每次讨论 4 个专题，并出版论文集。每年召开一次年会，由东道国选择一个技术问题进行讨论。此外，国际大坝委员会还不定期出版公报，每年出一次年报，每 6 年出版一次世界大坝登记，每 8 年出版一次辞典。

目前国际大坝委员会有 80 个成员国，中国于 1973 年第 1 次派代表参加第 11 届国际大坝会议。

1973 年 12 月我国申请加入该组织，1974 年 4 月在希腊雅典举行的第 42 届执行会上正式通过成为会员国。

中国大坝委员会是中国水利学会和中国水力发电工程学会的分支机构，是一个学术性的非营利性组织，作为中国坝工技术领域的国际活动窗口，代表中国参加国际大坝委员会的各项活动。宗旨是通过组织中国专家在国际大坝委员会中进行学术交流与合作，促进坝工技术及有关土木工程技术等方面的发展。

中国大坝委员会设有名誉主席、主席，副主席、理事会、秘书处等，日常工作设在中国水利水电科学研究院，其人员由我国水利水电科学家和知名水利专家组成。我国大坝委员会在以下几个方面取得了很大的进展：

1. 宣传我国大坝建设的成就。新中国成立 50 年来，我国的大坝工程建设取得了举世瞩目的成就，全国共建成各类大坝（高于 15m）2 万多座，占世界注册大坝总数的一半以上，中国的水库大坝工程建设规模为世界之冠。

2. 发表了众多论文，出版了反映我国大坝建设特色的论文集，例如，群众建坝、中国大坝建设、中国大坝 50 年等，使国际同行能充分了解中国大坝建设成就和水平。

3. 促进了中外合作，增进了友谊，推进了大坝工程技术进步与发展。通过国际大坝委员会，许多专家学者应邀来我国参观访问、讲学，我国也有很多专家学者出国咨询、讲学及参与技术交流，与很多国家开展了形式多样的单边、多边合作。通过多种形式的交流与合作，了解国际大坝建设的发展动态，推动了新坝型、新材料、新工艺在我国的发展与应用，如面板坝、碾压混凝土坝等技术。

海水资源化的淡水工程技术

我国是一个有着宽广海疆的海洋大国，拥有 1.8 万多 km 的海岸线，北起中朝交界的鸭绿江口，南到中越边界的北仑河口，有渤海、黄海、东海、南海四大内海，它们与太平洋连成一片，统称中国海，总面积约 486 万 km^2。其中，渤海的面积较小，大概只有 9 万 km^2，平均水深 25m，总容量 1 730km^3 左右；黄海面积约 40 万

km²；东海海域面积 70 多万 km²，平均水深 350m 左右，最大水深 2 719m；南海位于我国大陆的南方，约有 356 万 km²。

1. 我国的海水利用

海水利用是解决我国水资源危机的重要措施之一。向大海要水、要资源，是解决沿海地区淡水资源短缺的现实选择，也是实现以水资源可持续利用，保障沿海地区经济社会可持续发展的重大措施，具有重大的现实意义和战略意义。

我国海水淡化技术研究始于 1958 年，起步时采用的是电渗析技术，以后逐步过渡到反渗透技术和蒸馏技术。

在科技部、国家计委等有关部委及地方政府的支持下，我国的海水资源开发利用技术在"八五"、"九五"期间发展很快，在一些关键技术领域已取得重大突破。

我国已全面掌握国际上已经商业化的蒸馏法和反渗透（膜）法等海水淡化主流技术。目前在辽宁、山东、浙江、河北、甘肃等省已建、在建规模在 500 ~ 18 000m³/d 海水和苦咸水淡化示范工程已达到 12 项。全国包括引进系统在内的反渗透海水、苦咸水淡化产量估计日产达 35 000m³ 以上。随着技术进步、新材料应用，不仅使产量提高，而且淡化成本也在大幅度降低。海水淡化的成本已从 20 世纪 90 年代的 7 元/m³ 左右降至目前的 5 元/m³ 左右。

在海水直接利用方面，我国青岛、大连、天津、上海、宁波、厦门、深圳等沿海城市的近百家单位均有利用海水作为工业冷却用水的实践。

我国海水直流冷却已有近 70 年的应用历史，更先进的循环冷却技术在我国业已取得成效，已具备了示范条件。利用海水作为生活用水（海水冲厕）代替城市生活用淡水，是节约水资源的一项重要措施。由于用海水技术的逐步完善，我国沿海的部分城市已经将它应用于实际生活当中。

利用海水冲厕已经成为香港城市供水的一大特色，它有效地节约了淡水资源，1998 年香港的海水平均日用水量达 55 万多 m³，海

广阔而丰富的海洋资源

水年用水量已达 2 亿多 m^3，占香港总用水量的 18% 左右，节约了同等数量的饮用水。在天津市塘沽区的外滩公园也已经在应用海水冲厕技术。我国已拥有该项技术中的关键技术，例如，海水净化技术、防生物附着技术、生活用海水后处理技术等。另外我国也已有了技术创新，例如，高盐度污水处理、耐盐耐污微生物的驯化培养、耐盐耐污藻类的培养、新型高效海水用絮凝剂和混凝剂等。生活用海水是解决我国沿海城市和地区淡水资源紧缺问题的有效途径之一。

此外，海水制盐作为我国传统的海水化学资源综合利用产业，海盐产量已达到 1 800 万 t，是世界海盐第一生产大国。

2. 海水淡化潜在市场

海水淡化业市场主要包括有工程设计、设备制造、工程安装、淡化水产品提供、技术服务等。

从国际市场方面来看，20 世纪 70 年代以来，大多数沿海国家由于水资源问题日益突出，都建设有相当规模的海水淡化厂或海水淡化示范装置，北欧、南美和东亚地区每年海水淡化设备进口和工程安装市场有近 100 亿美元，且仍在高幅增长之中，南亚、中亚和非洲也有众多的海水淡化潜在用户。海水淡化的国际市场规模巨大。

从国内来看，海水淡化可定位于市政用水的补充，以缓解供水紧张状况，同时也可用于废水资源化，达到废水回用的目的。我国淡水资源的紧缺已众所周知，每年全国缺水数百亿 m³，因缺水影响的国民产值达数千亿元。可见工程设计、设备制造、淡水提供、技术服务等海水淡化产业具有广阔的国内市场空间。我国已基本具备了海水淡化设备的加工制造能力，质量保证体系也可以满足要求，其设备制造成本比国外至少低 30% 左右，在国际市场上具有很强的价格竞争能力。

3. 海水淡化的能耗与成本

在海水淡化技术已成熟的今天，经济性是决定其广泛应用的重要因素。在国内，"成本和投资费用过高"，一直被视为是海水淡化难以大胆使用的主要问题，但实际上这是一个"认识"问题。

对于海水淡化，能耗是直接决定其成本高低的关键。40 多年来，随着技术的提高，海水淡化的能耗指标降低了 90% 左右，成本随之大为降低。目前我国海水淡化的成本已经降至 4 ~ 7 元/m³，苦咸水淡化的成本则降至 2 ~ 4 元/m³，例如，天津市大港电厂的海水淡化成本为 5 元/m³ 左右，河北省沧州市的苦咸水淡化成本为 2.5 元/m³ 左右。如果进一步综合利用，把淡化后的浓盐水用来制盐和提取化学物质等，则其淡化成本还可以大大降低。至于某些生产性的工艺用水，如电厂锅炉用水，由于对水质要求较高，需由自来水进行再处理，此时其综合成本将大大高于海水淡化的一次性处理成本。

可见，如果抛开政府补贴等政策性因素而单从经济技术方面分析，海水淡化尤其是苦咸水淡化的单位成本实际上是很有竞争力的。

几种淡水获取方式的成本比较单位：

大江大河水的远程调水：引滦入津调水工程的直接成本水价是：2.3 元/m³；

南水北调工程为：$5 \sim 10$ 元$/m^3$（到北京平均水价）；

海水淡化：海水：$4 \sim 7$ 元$/m^3$（综合成本）；

苦咸水：$2 \sim 4$ 元$/m^3$（综合成本）。

在我国，由于受计划经济的影响，长期以来一直没有良性的水价形成机制，自来水的价格与价值严重背离，政府负担着巨额补贴，自来水的价格普遍偏低，目前自来水的价格一般为 $1.5 \sim 2$ 元$/m^3$，随着淡化技术的不断进步和产业化规模效益的显现，海水（苦咸水）淡化的成本将会越来越低。

2000 年 10 月朱镕基总理在南水北调座谈会上强调："要建立合理的水价形成机制，逐步较大幅度提高水价，充分发挥价格杠杆的作用"。随着淡水资源的日趋缺乏，各个城市节水措施已经出台，实行自来水限量使用，超标加价。

由此可以预见，在不久的将来，一方面海水淡化成本不断降低；另一方面自来水的价格不断上涨，两者将越来越接近，自来水价格甚至将高于苦咸水淡化的成本，海水淡化的成本问题将得以解决。成本问题的解决，将会对海水淡化的广泛应用及产业化进程产生极大的促进作用。

4. 我国海水淡化产业的发展方向

有关专家指出，我国的海水淡化产业应从 3 个方向入手：

其一，膜技术是未来海水淡化发展的趋势。目前我国膜技术发展滞后，大多数采取反渗透技术的海水淡化厂需要从国外大量进口膜，国家有关部门应加大投资力度，加快研发解决膜生产技术问题，让膜技术的推广摆脱进口束缚。

其二，做大海水淡化设备制造业。我国在海水淡化的技术生产设备的厂家规模太小，无法适应国家计划要求的进度。另外，未来 20 年仅海水淡化的国际市场就有将近 700 亿美元的商机，需求潜力巨大，我国企业不能只盯着国内市场，还要考虑国际市场的需求，争取打入国外海水淡化市场。

其三，降低能耗是海水淡化无法回避的问题。据了解，日产几十万吨淡化水的大型工厂要耗费大量电力。降低能耗是海水淡化低成本的关键因素之一，但在专家寻找到适合于大规模海水淡化的经济能源之前，大批量上马淡化项目可能会陷入能源紧缺的被动局面。

5. 值得借鉴的外国经验

首先，政府引导是发展海水淡化产业的关键。国外海水淡化产业发达的国家，其发展海水淡化有一个共同的特点，即政府对于海水淡化发展起着主导和推动作用。我国已发布实施《海水利用专项规划》，国务院有关部门应加快研究制订相关财税激励政策，建立和完善海水利用标准体系、市场准入标准，积极开展试点示范，并对示范项目给予一定的资金支持。同时，加大水价改革力度，通过合理调整水价及其结构，促进海水淡化的生产和使用。

其次，技术创新是海水淡化产业化发展的源动力。国际上一些长期从事海水淡化技术研究的知名大公司，虽然在当今的世界海水淡化市场上占据有利地位，但为了保持他们的地位，仍在加大新技术的研发力度。我国海水淡化经过 40 余年的发展，在数量规模、技术水平等方面都取得了重要进展，但与国外一些国家相比，还存在着工程规模小、设备国产化率不高、关键设备还有赖于进口等突出问题。因此，组织重大技术攻关，开发具有自主知识产权的共性技术和关键技术，提高海水淡化技术支撑能力和创新能力。

再次，投融资机制创新是促进海水淡化产业发展的重要保障。国外特别是中东国家大都采取多渠道融资方式，促进海水淡化产业发展。在保证政府对淡化水控制权的前提下引入竞争机制，加快海水淡化工程项目建设，降低海水淡化工程的建设和运行成本。因此，建立我国多元化、多渠道、多层次、稳定可靠的海水利用投入保障体系，至关重要。

知识连接——海水淡化方法

海水中有大量的盐。能不能从浩瀚的海洋中去除盐分，提

取出淡水,把海水淡化是人类追求了几百年的梦想。

海水淡化最简单的方法,一个是蒸馏法,将水蒸发而盐留下,再将水蒸汽冷凝为液态淡水;另一个海水淡化的方法是冷冻法,冷冻海水,使之结冰,在液态淡水变成固态的冰的同时,盐被分离了出去。

以上的两种方法都有难以克服的弊病。蒸馏法会消耗大量的能源,并在仪器里产生大量的锅垢,相反得到的淡水却并不多。这是一种很不划算的方式。冷冻法同样要消耗许多能源,得到的淡水却味道不佳,难以使用。

1953年,一种新的海水淡化方式问世了,这就是反渗透法。这种方法利用半透膜来达到将淡水与盐分离的目的。

在通常情况下,半透膜允许溶液中的溶剂通过,而不允许溶质透过。由于海水含盐高,如果用半透膜将海水与淡水隔开,淡水会通过半透膜扩散到海水的一侧,从而使海水一侧的液面升高,直到一定的高度产生压力,使淡水不再扩散过来。这个过程是渗透。如果要得到淡水,只要对半透膜中的海水施以压力,就会使海水中的淡水渗透到半透膜外,而盐却被膜阻挡在海水中。这就是反渗透法。反渗透法最大的优点就是节能,生产同等质量的淡水,它的能源消耗仅为蒸馏法的1/40。因此,从1974年以来,世界上的发达国家不约而同地将海水淡化的研究方向转向了反渗透法。

现在世界上的大型海水淡化工厂,大多采用新的蒸馏法。1983年,西亚第一大国沙特阿拉伯在吉达港修建了日产淡水30万t的海水淡化厂;在另一个西亚国家科威特,现在每天可以生产淡水100万t。波斯湾沿岸地区,有的国家的淡化海水已经占到了本国淡水使用量的80%~90%。

海水淡化技术主要有以下方面:

1. 蒸馏法　是一种古老的方法,但由于技术不断地改进与发展,该法至今仍占统治地位。蒸馏淡化过程的实质就是水蒸气的形成过程，其原理如同海水受热蒸发形成云，云在一定条件下遇冷形成雨，而雨是不带咸味的。根据设备蒸馏法、蒸汽压缩蒸馏法、多级闪急蒸馏法等。蒸馏法的能源可以利用太阳能加以解决，与传统动力源和热源相比，太阳能具有安全、环保等优点，将太阳能采集与脱盐工艺两个系统结合是一种可持续发展的海水淡化技术。太阳能海水淡化技术由于不消耗常规能源、无污染、所得淡水纯度高等优点而逐渐受到人们重视。

2. 冷冻法　即冷冻海水使之结冰，在液态淡水变成固态冰的同时盐被分离出去。冷冻法与蒸馏法都有难以克服的弊端，其中蒸馏法会消耗大量的能源并在仪器里产生大量的锅垢，而所得到的淡水却并不多；而冷冻法同样要消耗许多能源，但得到的淡水味道却不佳，难以使用。

3. 反渗透法　通常又称超过滤法，是1953年才开始采用的一种膜分离淡化法。该法是利用只允许溶剂透过，不允许溶质透过的半透膜，将海水与淡水分隔开的。在通常情况下，淡水通过半透膜扩散到海水一侧，从而使海水一侧的液面逐渐升高，直至一定的高度才停止，这个过程为渗透。此时，海水一侧高出的水柱静压称为渗透压。如果对海水一侧施加以大于海水渗透压的外压，那么海水中的纯水将反渗透到淡水中。反渗透法的最大优点是节能。它的能耗仅为电渗析法的1/2，蒸馏法的1/40。因此，从1974年起，美国、日本等发达国家先后把发展重转向反渗透法。

反渗透海水淡化技术发展很快，工程造价和运行成本持续降低，主要发展趋势为降低反渗透膜的操作压力，提高反渗透系统回收率，廉价高效预处理技术，增强系统抗污染能力等。

4. 低温多效　多效蒸发是让加热后的海水在多个串联的蒸发器中蒸发，前一个蒸发器蒸发出来的蒸汽作为下一蒸发器的热源，并冷凝成为淡水。其中低温多效蒸馏是蒸馏法中最节

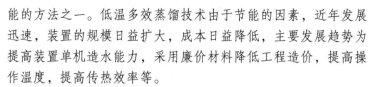

能的方法之一。低温多效蒸馏技术由于节能的因素，近年发展迅速，装置的规模日益扩大，成本日益降低，主要发展趋势为提高装置单机造水能力，采用廉价材料降低工程造价，提高操作温度，提高传热效率等。

5. 多级闪蒸　是指一定温度的海水在压力突然降低的条件下，部分海水急骤蒸发的现象。多级闪蒸海水淡化是将经过加热的海水，依次在多个压力逐渐降低的闪蒸室中进行蒸发，将蒸汽冷凝而得到淡水。目前全球海水淡化装置仍以多级闪蒸方法产量最大，技术最成熟，运行安全性高弹性大，主要与火电站联合建设，适合于大型和超大型淡化装置，主要在海湾国家采用。多级闪蒸技术成熟、运行可靠，主要发展趋势为提高装置单机造水能力，降低单位电力消耗，提高传热效率等。

此外，还有电渗析法、压汽蒸馏、露点蒸发淡化技术、水电联产、热膜联产等技术方法。

海水淡化技术的发展与工业应用，已有半个世纪的历史，在此期间形成了以多级闪蒸、反渗透和多效蒸发为主要代表的工业技术。专家普遍认为，今后三、四十年在工业应用上，仍将是这三项主要技术，但反渗透的比重将越来越大。

参考文献

[1] 蔡敏，杨玉华，任硌．决战淮河 2007 首场洪水 [EB/OL]，腾讯网，2007-07-26

[2] 顾钱江，蔡敏，海明威．严峻洪灾现实检验我国执政能力 [EB/OL]，新华网，2007-07-26

[3] 无锡市水利局．我国历史上重大干旱灾害 [D]，2002-09-06

[4] 李柯勇，郭远明，蔡祥荣．大旱考验中国 [EB/OL]，新华网，2007-12-19

[5] 崔笑愚选稿．台风的启示 [N]，解放日报，2007-09-20

[6] 新华社网．全国防汛抗旱体系 [EB/OL]，2007-06-22

[7] 光明网．倾情关注灾害应急 [EB/OL]，2007-09-20

[8] 佛山水利网．推进城乡水利防灾减灾工程建设 [EB/OL]，2007-08

[9] 天津日报．天津投资构筑滨海新区防洪防潮屏障 [N]，2008-04-27

[10] 水利部网．二十一世纪的中国水资源 [EB/OL]，2003-07

[11] 王慧敏．如何直面水资源困境 [EB/OL]，人民网，2007-08-30

[12] 谢群，水资源可持续利用呼唤系统水情教育 [N]，中国水利报，2007-12-06

[13] 中国食品产业网，水兴才能带来百业旺 [EB/OL]，2007-09-14

[14] 吕兰军．我国发布《水量分配暂行办法》于 2008 年实施 [J]，水文期刊，2008-06-24

[15] 新华网．我国在"十一五"期万元 GDP 用水量须降低 20%

［EB/OL］，2007-02-20

［16］光明日报．全国水利工程实际供水能力达 6591 亿 m³［N］，2007-11-07

［17］经济日报．"节水中国行"的农业节水问题［N］，2007-06-18

［18］宋金凤．1t 水的思考——低水价政策的弊端［J］，北京水利，2007-07-06

［19］贺占军．农业节水不是减少或限制灌溉［EB/OL］，新华社，2007-06-27

［20］宋金凤．水价改革重在水价格杠杆调节［J］，水利天地，2007-07-31

［21］李秀芩．新疆膜下滴灌节水技术推广面积创我国之最［EB/OL］，新华网乌鲁木齐，2005-04-02

［22］李世新，周和平，徐小波，等．新疆灌区供水到户研究与推广［M］，乌鲁木齐：新疆科学技术出版社，2007

［23］周和平，张江辉，徐小波，等．蓄流分离式灌溉技术理论与实践［M］，北京：中国水利水电出版社，2008

［24］生命经纬网．我国的集雨节水灌溉工程［EB/OL］，2005-04-21

［25］宋志宁．深圳超计划用水价格最高翻六倍［N］，深圳商报，2007-06-07

［26］三秦都市报．西安水价实现三步走 2007 年再次提价［N］，2008-01-02

［27］中国经济时报．让河流休养生息［N］，2007-11-15

［28］北京青年报．中国千年治水的哲学观与现实意义［N］，2007-10-25

［29］佚名．洪水资源化人水和谐相处的新探索［EB/OL］，2006-07-04

［30］王慧敏．苏州河变清了［N］，人民日报，2007-12-10

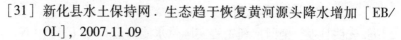

［31］ 新化县水土保持网．生态趋于恢复黄河源头降水增加［EB/OL］，2007-11-09

［32］ 新华网．水润胡杨绿色新疆成为中国西部的生态屏障［EB/OL］，2005-10-03

［33］ 张旭东，齐中熙．划时代的奇迹中国三峡水利工程［EB/OL］，新华社2007-05-21

［34］ 新华网．北京将首次跨流域调水改善奥运水环境［EB/OL］，2007-10-21

［35］ 闫智凯．水利部首次申报国家级自然保护区获批［EB/OL］，水利部网站，2007-04-23

［36］ 浙江新闻网．西藏湿地面积位居全国首位［EB/OL］，2004-11-08

［37］ 中国网．中国的七大江河流域［EB/OL］，2007-11-04

［38］ 杨希伟，郭立．三峡工程的巨大作用［N］，瞭望新闻周刊，2006-5-2

［39］ 中国网．三峡开发性移民破解世界难题［EB/OL］，2003-06-02

［40］ 中国新闻网．三峡库区对重庆的大雨没有影响［EB/OL］，2007-11-27

［41］ 黄河小浪底水利枢纽工程局．人民治黄60载——维持黄河健康生命［EB/OL］，2007

［42］ 中国水利网．黄河调水调沙将有效延长小浪底水库使用寿命［EB/OL］，2007-07-01

［43］ 孙军胜．浩气展虹霓——南水北调中线工程的历史跨越［EB/OL］，长江水利网，2006-12-01

［44］ 陈雷．十七大精神鼓舞中国水利发展［EB/OL］，中国水利网，2007-10-24

［45］ 新华网．我国计划投资20亿元深化灌区"两改一提高"［EB/OL］，2007-01-07

［46］新疆日报．站在新的战略起点谋划新疆未来发展［N］，
2007-10-03

［47］水利部网．2007全国水利信息化论坛［EB/OL］，2007-12-28

［48］金羊网．应对水短缺——向大海要淡水［EB/OL］，2007-
04-20